码上学技术·绿色农业关键技术系列

生姜
高质高效生产200题

刘奕清　朱永兴　等 编著

中国农业出版社
北　京

内 容 提 要

　　本书立足生姜生产全过程的堵点、痛点和难点中的关键技术，由科研推广生产一线专家编著。笔者基于重庆市山地特色农业产业技术体系调味品创新团队重大专项、重庆市重点科技项目和湖北省重点研发项目的科技成果，并广泛收集参考国内外相关文献资料，在此基础上汇集成本书。全书内容包括生姜概述、植物形态、主栽品种、生长环境、种苗繁种、连作消毒、选种播种、肥水控制、轻简技术、轮作间作、病虫害防治、采收利用等方面的 200 个最核心、最难解决、农民最关心的共性技术。全书内容充实，技术实用，可操作性强，适合农业生产一线的生姜种植大户、家庭农场、农民合作社、农业社会化服务组织等新型农业经营主体，以及基层农业技术推广人员、广大农民、职业院校师生等读者参考使用。

作者简介

刘奕清，中共党员，生姜育种栽培学家，二级教授，博士生导师；国家万人计划领军人才，国务院特殊津贴专家，长江大学香辛作物研究院院长，园艺学重庆市学术技术带头人，蔬菜学重庆市首席专家工作室领衔专家，长江经济带生姜种植专家服务团领衔专家，调味品产业技术体系生姜育种栽培技术岗位科学家，生姜品种及绿色生产技术湖北省科技成果转化中试研究基地主任。

从事生姜、花椒、洋姜等香辛调味作物育种栽培研究推广，主持参与国家和省部级基金项目、重点研发项目、科技支撑项目40余项，鉴定登记成果11项，发明专利20件，破译生姜基因组DNA遗传密码，解析生姜特异辛辣风味品质基因调控网络，育成生姜新品种5个，并被列入促进乡村振兴100个农业主导品种。创立生姜"苗繁种"理论与高效生产技术体系，发明生姜无菌苗工厂化繁育与苗繁种技术，改变了"姜母"繁育种姜的传统模式，建成第一个国家无菌种姜繁育综合标准化示范区；提出"网隔栽培"防控土传病害理论，发明"深耕土壤、梯度排水、分畦隔病"的绿色防控技术，破解土传姜瘟病的世界难题。生姜新品种及绿色技术在长江流域广泛应用，技术覆盖率达50%，新增产值86.7亿元，为脱贫攻坚成果衔接乡村振兴做出了重大贡献，相关事迹被《中国改革报》《科技日报》《重庆日报》《湖北日报》《当代党员》等主流媒体报道。

以第一完成人获得重庆市和国家行业学会科学技术奖7项，其中一等奖2项、二等奖3项、三等奖2项。制定生姜地方标准6项，出版《植物组织培养与种苗产业化研究》等专著和教材3部，在 *Horticultural Research*、*Carbohydrate Polymers*、*Frontiers in Microbiology* 和《园艺学报》等期刊发表论文100余篇。

编著人员名单

主　编　刘奕清（长江大学）

　　　　　朱永兴（长江大学）

副主编　李洪雷（重庆文理学院）

　　　　　黄　科（重庆文理学院）

　　　　　贾　切（长江大学）

　　　　　曾建军（井冈山大学）

　　　　　蔡小东（长江大学）

　　　　　孙　冲（重庆文理学院）

　　　　　尹军良（长江大学）

　　　　　张中华（安丘市农业技术推广中心）

其他编著人员

　　　　　周　洁（长江大学）

　　　　　张玲玲（长江大学）

　　　　　刘续立（长江大学）

　　　　　秦曼丽（长江大学）

　　　　　李　港（长江大学）

　　　　　章　攀（长江大学）

　　　　　赵小琴（湖北美田生物科技有限公司）

　　　　　马佳伟（荆州佳之源生物科技有限公司）

　　　　　刘　燃（重庆市田沅农业科技有限公司）

　　　　　陈双权（重庆市雨汩农业科技有限公司）

前　言

在《论语·乡党》中有"不撤姜食"的记载，考古遗存湖北江陵春秋楚国古墓有外形完整的姜块出土，西汉《史记》中有"千畦姜韭其人与千大户侯"的记述，由此表明在两千多年前的战国时代，生姜就已成为一种重要的经济作物，生姜的栽培利用历史悠久。古老的先民们发现生姜有防止物品腐败、抑菌解表、调节食物风味的作用。现在，生姜已成为国家现代农业特色蔬菜产业技术体系，并成为不少地区的重要农业支柱产业，还成为农民增收致富的特色高效产业，是人们高品质生活不可缺少的调味原料。因其营养活性成分丰富，集蔬菜、调味、药材、香料于一体的多用途特点，近年来我国生姜栽培面积与日俱增，乡土优势产区不断形成，生姜种植生产和加工销售已成为使农民富裕的高效产业。

为满足广大农民朋友包括生姜种植生产者的需求，应中国农业出版社邀请，笔者秉承数十年来主持承担国家和省部级科研项目的成果和示范推广的实践经验，聚焦生姜生产全过程的堵点、痛点和难点的关键技术问题，以及从业者最关切的核心共性技术需求，以问答形式编写了"码上学技术·绿色农业关键技术系列"《生姜高质高效生产200题》一书。

全书内容紧密结合生产实际，突出先进性、适用性和操作性，主要包括生姜概述、植物形态、主栽品种、生长环境、种苗繁育、连作消毒、选种播种、肥水控制、轻简技术、轮作间作、病虫害防治、采收利用等方面的200个最核心、最难解决、农民最关心的关键技术。书中案例和图片全部来自笔者科研成果与生产实践一线，供广大读者参考借鉴。

需要特别说明的是，本书及视频中所用农药、化肥施用浓度和使用量，会因作物种类和品种、生长时期以及产地生态环境条件的差异而有一定的变化，故仅供读者参考。建议读者在实际应用前，仔细参阅所购产品的使用说明书，或咨询当地农业技术服务部门，做到科学合理用药用肥。

在编写本书的过程中，参阅了许多相关书籍和文献资料，并摘录了部分内容，在此一并向原作者表示衷心的感谢！

尽管笔者在编写时力求避免错误和不足，以保证各部分内容准确科学，并能在逻辑上关联衔接，但书中疏漏和不当之处在所难免，恳请专家、同仁、读者批评指正并提出宝贵意见，以便及时补遗勘误。

编著者

2022 年 3 月

目 录

前言

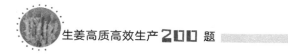

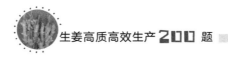

八、生姜病虫草害

一、生姜认知概述

1. 生姜原产地在哪？

关于生姜（*Zingiber officinale* Roscoe）原产地究竟在什么地方，目前有三种推论：一种说法认为生姜起源于东南亚的印度-马来西亚中心；另一种说法认为生姜起源于中国云贵及西部高原地区；还有一种说法认为生姜起源于中国长江流域和黄河流域。因至今未发现生姜的野生类型，故生姜原产地一直尚无定论。吴德邻（1990）通过对中国生姜的栽培历史、文献记载、出土文物、语源学等研究发现，生姜是一种喜欢温暖、湿润气候的植物，要求有一定的荫蔽和排水良好的土壤，而古代黄河流域和长江流域森林植物茂密，由此推测古代黄河流域和长江流域可能有野生生姜的分布，生姜栽培利用始于春秋之前，而春秋战国以前中国与印度、印度尼西亚等国均无交往，因此生姜不可能由这些国家输入中国。由此推断，生姜原产于中国。

2. 生姜主要分布在哪些地方？

生姜，古名薑，别名姜根、百辣云、勾装指、因地辛等，为姜科姜属中能形成地下肉质根茎的栽培种，是多年生草本植物，作一年生蔬菜栽培。姜性喜温暖湿润气候，适应性较强，是世界范围内的食药蔬菜和香料兼用型根茎类经济作物，现已广泛分布在世界温带、热带和亚热带地区的50多个国家，其中中国、印度、印度尼西亚、日本、尼日利亚、孟加拉国是生产姜的主要国家。

明代以前，生姜主要在我国南方地区栽培，明代中后期开始逐渐引种到北方，到了清代继续向北方扩大栽培，直至全国普遍引种栽培生姜。目前生姜在国内已被广泛栽培利用，除东北、西北等寒冷地区以外，南部和中部诸省份如广东、广西、湖南、湖北、四川、重庆、浙江、安徽、云南、贵州、福建、江西等地均有种植。其中，南方以广东、四川、浙江、安徽、湖南等省种植较多，北方则以山东、河北种植面积较大，是生姜的主要产区。近年来，随着高产高效农业的发展，辽宁、黑龙江、内蒙古和新疆的一些地方，也已开始引种试种生姜。

3. 中国生姜产业现状如何？

（1）**品种资源丰富。**我国生姜栽培历史距今已有两千多年，得天独厚的自然环境，孕育出了许多优良生姜地方品种，例如山东的肉姜、四川的竹根姜、安徽铜陵的白姜、湖南隆回县的虎爪姜、台湾的肥姜，等等。各生姜地方品种在植株大小、根茎形态、特征成分含量等方面差异明显。

（2）**生产规模居世界首位。**全世界约有50个国家或地区栽培利用生姜，栽培面积约60万公顷，总产量1 200万吨左右，平均单产在20吨/公顷上下波动。中国作为生姜第一大生产国，2020年生姜栽培面积为31万公顷，占世界总栽培面积的51.6%。其中，北方主产区生姜栽培面积为13万公顷，南方主产区生姜栽培面积为18万公顷。我国生姜年产量900万～1 200万吨，占世界总产量的76%左右。

（3）**区域分布广，种植水平不均衡。**我国生姜种植分布较广，北方以山东省种植面积最大，南方以四川、广西、福建、湖南等省份栽培面积较广。由于生姜的种植收益较高，黑龙江、辽宁、内蒙古、新疆等地开始发展生姜种植产业。我国各地生姜种植模式多样，有露地、地膜、小拱棚、大拱棚等，种植水平差异较大。

（4）**以初级产品为主，深加工技术不断提高。**我国生姜加工品以保鲜姜、腌渍姜、脱水姜等初级产品为主，产品结构单一，附加值较低。随着我国现代食品工业快速发展，精深加工技术不断提高，加工工艺较为简单的姜茶、姜脯、姜汁饮料等保健、休闲产品逐渐上市，生姜精油、姜油树脂、生姜蛋白酶等深加工产品也进入较快发展阶段。

（5）**生姜贸易波动大，对外出口压力大。**我国生姜贸易波动较大，主要与生姜生产面积、产量的波动和企业之间的无序竞争有关。我国生姜种植模式简单，收获时间较为集中，易受自然灾害影响，消费市场较为单一，加之某些人为因素，使得我国生姜价格波动异常频繁，影响了生姜产业的健康稳定发展。近年来，受产品质量和利润等因素影响，各国都在抢占发达国家生姜贸易市场，国际生姜贸易竞争日趋激烈，虽然我国生姜出口规模有所增长，但出口市场不断受到挤压。

4. 我国生姜产业发展存在哪些问题？

我国是世界上生姜种植面积最大、生产总量最高、出口量最多的国家。据国家现代农业特色蔬菜产业技术体系调查数据，近几年我国生姜栽培面积维持在 27 万公顷左右，年产量超过 1 000 万吨；2019年中国出口生姜 53.78 万吨，创汇 5.72 亿美元。然而，我国生姜产业仍面临着许多矛盾和挑战。

（1）**种性退化，生产低效。**生姜生产采用无性繁殖，种性易退化；生产中重茬种植较为普遍，导致姜瘟病、茎基腐病等病虫害较重，给姜农带来巨大经济损失。据报道，我国生姜每年受姜瘟病影响平均减产在 30% 以上，个别地区甚至高达 50%，严重制约了生姜产业的可持续发展，虽然采用轮作、换茬等农业措施防治，但在一定程度上也限制了种植规模的发展。当前，我国生姜生产绝大多数是农户分散种植，极少规模化种植，不便于引入现代化、集约化、标准化生产管理技术。随着国内外市场对生姜质量和产品功能等要求的多样化，生姜品种和生产技术亟待更新。

（2）**质量安全意识低，产品外贸竞争力弱。**由于种植户的产品质量安全意识较低，生姜生产、贮藏、加工等环节容易造成农药、重金属以及其他污染物残留或超标。虽然近几年我国在不断完善农产品质量安全体系，但是生姜中农药残留现象依然不容乐观。农业农村部在2018 年质量安全例行监测中抽查了 381 个生姜样品，其中 18 个样品被查出农药残留超标，118 个样品存在不同程度农药残留检出，农残检出率达 30.97%。随着各个国家、地区对农产品质量检查越来越严格，农残超标现象严重影响我国生姜的出口市场。

（3）精深加工不足，产品附加值低。我国生姜综合加工技术相对落后，科技含量不高，产品附加值低。传统的生姜初级加工产品不仅价格低、效益差，且市场无序竞争严重，主要表现为厂家多、品牌杂、规模小、市场乱、冒牌产品多、生产质量标准不统一。加工业主唱独家戏，"各自为政"，内斗不断，品牌侵权时有发生，且加工产品质量参差不齐，有的产品嫩姜过多，有的产品老姜多、嫩姜少，缺乏统一的产品质量标准。

（4）产业链融资困难。虽然生姜产业风险很低，但其产品多为一次性收购，季节性加工，资金占用量大，产品销售期长，资金周转缓慢，投资回收期较长，产业链的利润率很低，很难像房地产、水电、矿产等高回报产业那样吸引投资者，因此融资难度极大，这也是制约生姜产业做大做强的一道屏障。另外，生姜产业极易受国际贸易争端影响，如：2018年美国开始对我国生姜及生姜加工品加征10％关税。

5. 生姜对人体的药理与治疗作用有哪些?

近年来，随着国内外学者对生姜的深入研究，发现生姜不仅能止呕，也具有抗炎杀菌、镇痛、抗氧化、抗癌、降血脂血糖等药理活性。目前对生姜的研究多聚焦在抗癌方面，这是因为其成分复杂，能对癌症起到多靶点、多通路的辅助治疗作用。

（1）抗炎镇痛。生姜挥发油、姜辣素成分都有很好的抗炎镇痛的功效，可通过降低炎症因子和致痛因子的表达及抑制炎症相关通路的激活，缓解关节炎、神经痛、溃疡等症状。

（2）抗癌。生姜的乙醇提取物有抑制小鼠皮肤肿瘤的作用。另外体内外实验发现生姜水提物及生姜醇提物都有预防肿瘤和抗肿瘤的作用。现代药理研究发现，生姜抗癌的主要药效物质是姜辣素，尤其是6-姜酚。研究表明6-姜酚对多种癌细胞会产生细胞毒性并具有抗增殖、抗肿瘤、抗侵袭作用。

（3）调节免疫。生姜中姜酚等活性成分对生物机体的体液免疫、细胞免疫、肠道免疫等都具有调控作用，可提高机体免疫力，预防和治疗各种免疫紊乱性疾病。

（4）调节糖、脂代谢。糖、脂代谢失常造成的过度肥胖已成为高血压、糖尿病、冠心病等疾病的重要危险因素，生姜中的挥发油成分能调节人体能量代谢，减轻肥胖的发生。生姜汁可以调节有关脂代谢和糖代谢蛋白的表达来改善能量代谢。

（5）抗氧化。抗氧化作用是生姜的一个重要功效。生姜精油对自由基有显著的清除能力，尤其是对羟基自由基和 DPPH 自由基。

（6）止呕。生姜中的姜酚类及姜酚类化合物通过抑制刺激呕吐中枢相关神经递质的释放可起到止呕的作用，可用于治疗化疗、手术、怀孕等造成的恶心呕吐。

（7）抗凝血。生姜多糖可以作为天然的抗凝血剂和治疗试剂。国内外研究都表明了生姜能通过抵抗血小板聚集、改变血流速度、降低血液黏稠度等发挥抗凝血作用，可应用于心血管系统疾病的治疗。

6. 生姜的主要成分及其用途有哪些？

生姜含有丰富的营养物质，有 200 多种化合物，其中干物质含量 13.2%～15.5%、总脂类含量 5.7%～14.5%、总可溶性糖含量 2.02%～5.345%、粗蛋白含量 7.98%～10.04%、纤维素含量 5.23%～5.95%、淀粉含量 5.78%～8.88%。生姜含有多种功能成分，如姜辣素、姜烯酚、姜酮等，还含有挥发油类如姜精油、嘌呤化合物、活性多糖和糖蛋白等成分。其中姜辣素是生姜特有辛辣风味物质的总称，不仅是生姜的主要风味物质，也是具有药用价值的核心成分。迄今为止，生姜中共发现了 41 种二芳基庚烷类化合物、6 种苯基烷类化合物、6 种磺酸盐化合物、6 种类固醇化合物（包括 β-谷甾醇与菜豆甾醇等）以及 6 种单萜类糖苷成分。

生姜是一种集调味、食品原料和药用为一体的根茎类多用途香辛蔬菜作物，主要有以下几种用途。

（1）嫩姜，也称仔姜，可作蔬菜鲜食。凉拌仔姜丝、仔姜片、仔姜肉丝、仔姜鸭、仔姜鳝鱼等，在四川、重庆、贵州等西南地区和长江流域是人们十分喜爱的美味佳肴。

（2）调味姜，为烹调必备之调料。有除腥，去膻，去臭之功效。生姜可用在凉菜中提鲜、抑菌、促消化；用在肉类储存中防腐、保

鲜、护色；也可与其他调料搭配，形成滋味独特的复合调味汁。

（3）药用。 生姜因含姜辣素等活性药用成分，具有解表、散寒、温胃、发汗、止呕、驱风等功效，是医药上良好的健胃、驱寒和发汗剂。

（4）功能产品开发。 生姜可开发基于其活性成分的大健康功能产品，如有护肝功能的速溶姜茶新型冲剂、具有降脂降糖作用的生姜风味饮品、具有抗氧化防衰老的护肤养颜品。

7. 生姜变绿或腐烂后还能吃吗？

生姜发芽变绿是能吃的。生姜本来就是植物的地下根茎，由于长期生长在地下，没有接触到阳光，因此其颜色是黄白色的。生姜在阳光的作用下产生了一定量的叶绿素，食用之后对人体没有危害。

腐烂的生姜不能吃。腐烂的生姜会产生一种毒性很强的物质——黄樟素，可使机体肝细胞变性坏死，诱发肝癌、食道癌等。那种"烂姜不烂味"的说法是不科学的。因此，生姜一旦出现腐烂，不要舍不得扔掉，一定要杜绝吃腐烂的生姜。

8. 仔姜与老姜的区别是什么？

生姜是人们生活中的常见食材，通常分为仔姜和老姜。仔姜和老姜之间最大的不同在于它们的成熟度不同，辛辣风味也不同。

仔姜又称嫩姜，是姜芽或未成熟阶段的根状茎，通常在生长季节采收，其外表一般都是黄白色的，姜头部呈红色，皮薄肉嫩，辛辣味淡薄，几乎无粗纤维，吃起来脆嫩鲜香。

老姜是指成熟度比较高的根茎姜块，通常在生姜生长进入休眠期采收，辛辣味浓郁，不作生吃。老姜可贮藏于地窖或冷库，上等姜块可作翌年姜种使用，多数用作调味姜，也可用作健康食品、中药加工和香精提取的原料。

9. 生姜产品销往哪里？

随着人们生活水平的提高，特别是对高品质生活和美味菜肴的向往，生姜产品不仅可在国内市场销售，还可出口日本、韩国、中东、美国、俄罗斯、欧洲等地区。国内市场包括全国各地的农产品交易平台和蔬菜集散交易市场以及超市等。海外市场美国和日本需求量大，每年用量数十万吨，主要用于食品原料以及开胃菜、调味料、加工产品等；欧洲市场主要以盐渍姜、姜粒、糖姜、姜片、姜粉等产品为主；东南亚市场主要从我国进口生姜及其加工制品。

10. 影响生姜价格波动的因素有哪些？

生姜与众多农产品一样，其价格波动与市场供求之间的变化有着密切关联。从 2000 年前后开始，我国小宗农产品的价格开始频繁地波动，其中以生姜、大蒜、大豆等的波动最为剧烈，网络上曾出现了"姜你军""蒜你狠""豆你玩"的热词。生姜价格波动受以下因素影响：①农村劳动力的变化导致生姜种植人工成本提高；②化肥、农药、薄膜等农资产品价格上涨，引起生产投入成本增高；③持续暴雨、连续干旱、姜瘟成灾等自然灾害，引起生姜大幅减产；④生姜种植收获时间集中，产品集中上市；⑤生姜鲜食消费占比较高，深加工消费占比较低，行业整体附加值有待提高；⑥生产经营者单户（散户）种植居多，规模化种植体系少，品牌意识普遍缺乏，销售渠道、流通环节及产销体系建设不完善等。

近几年来，生姜价格猛增的原因主要在于 2017—2019 年生姜产量连续 3 年出现下降，市场供需缺口持续增大，种植成本上涨，2020 年 1—5 月生姜出口量激增，从而产生涨价预期、姜农惜售现象。

11. 气象灾害对生姜生产的危害及相应防治策略是怎样的？

（1）低温、连阴雨对生姜发芽期的影响。生姜发芽期处于 4—5 月，正值阴雨连绵的季节，低温会造成冷害，导致生姜出苗不齐、出苗缓慢，多雨积水引起烂种从而导致生姜减产甚至绝产。

防治对策：在播种期应适时关注天气预报，尤其是气温变化，在最高气温达到 16 ℃以上时，可以进行栽种；一般而言，露天栽培可在 5 月初进行；若想提前种植，可采用塑料小拱棚栽种，时间可比露天栽培提前 10 天左右；发芽期气温较低，遇有连阴雨天气时应做好田间清沟排水工作，防止姜田积水。

（2）强光、干旱、暴雨对生姜幼苗期的影响。生姜幼苗期一般为5—6月，生姜幼苗在遮光的条件下生长最好，强光会抑制生姜幼苗生长，降低叶绿素含量，使叶片发黄、光合作用减弱，最终导致生姜生长受阻，产量降低；在幼苗期，干旱会导致土壤相对湿度过低，生姜幼苗生长不良，经常出现"挽辫子"现象，造成植株矮小，大量减产，且根茎纤维增多，品质下降；如果遇到暴雨导致田间积水，会造成根系发育不良，且高温高湿容易诱发姜瘟病，引起生姜减产甚至绝产。

防治对策：在幼苗期，光照较强时，需要及时交互斜插"插姜草"，挂"搭姜棚"或者采用地面覆草、黑色地膜覆盖等方式进行遮阳，遮阳可以改善田间小气候，还可以降低地温，提高空气湿度，稳定土壤水分；干旱时需要经常小水浇灌，且最好在早上和傍晚进行，保持土壤湿润；在盛夏暴雨时应及时排水，避免积水引起姜块腐烂。

（3）干旱、洪涝对生姜旺盛生长期的影响。生姜旺盛生长期为8—10月，在立秋后生长最为旺盛，该时期对产量的形成影响最为关键。在旺盛生长期尤其是根茎膨大时期，如遇到秋旱，土壤相对湿度不足70%，导致生姜缺水，会严重影响产量；洪涝灾害发生后如果排水不及时，会造成土壤积水，影响生姜根系发育，同时容易引发姜瘟病。

防治对策：立秋后，生姜进入旺盛生长期，地上茎叶大量增加，蒸腾面积迅速增大，地下根茎也开始膨大，因此，此期需水量很大，需保持75%～80%的土壤相对湿度，在干旱或者降水较少时一般要求每4～6天浇1次水；在出现洪涝时，应及时排渍，姜田积水、土壤过湿会造成烂根。

（4）霜冻对生姜休眠期的影响。生姜根茎休眠期也是收获的季节，一般为10—11月。如遇霜冻，气温下降到0℃以下，会造成低温冻害。

防治对策：生姜不耐霜冻，休眠期开始时期正值霜降前后，应对休眠期霜冻，主要措施是注意收看天气预报，关注气温变化，在初霜期之前完成生姜收获。

12. 生姜的高质高效生产如何实现？

要实现生姜品质优、产量高、效益好，应做好以下事项。

（1）选用优良品种。 针对当地土壤、气候条件，选用优良的生姜品种，把好姜种质量关，淘汰不合格姜种，调控好姜种催芽的温度、湿度，培育短壮芽。

（2）加强栽培管理。 选择排灌畅通、土壤深厚、土质疏松肥沃的田块，施足基肥，适时中耕追肥、培土 3 次，夏秋之际（6 月下旬至 9 月上中旬）建遮光网棚遮阴，保护生姜叶片避免高温和强光灼伤。

（3）加强病虫草害防治。 生姜生长期间要及时清除杂草，注意姜瘟病、茎基腐病、姜螟等病虫害绿色防治。

（4）适时采收。 鲜食菜姜（嫩姜）视市场行情在 6—10 月随收随销；调味加工老姜在霜降前后气温低于 15 ℃时开始采挖，收获前一周停止浇水，采收姜块出土后摊晾 0.5～1 天，使其失去表面水分。

（5）强化品牌战略。 以农业龙头企业、农民合作社等为创建主体，推进"三品一标"认证，通过申报地理标志产品、打造品牌形象、扶持一批生姜特色优势县市，为生姜专业化生产经营打下基础。

（6）筑芯信息平台。 以市场为主体，政府引导，优化配置市场、生产资格要素，建立畅通的生姜优良种源供应、生产、销售、物流以及人才培养培训网络信息。

二、生姜植物形态

13. 生姜植株形态特征是什么？

生姜为姜科姜属多年生单子叶草本植物，作一年生特色蔬菜栽培。其植株形态直立，株高 70～120 厘米，分枝性强，一般每窝有 10 多个丛状分枝。地上部由茎叶和花组成，地下部由根系、根茎组成。生产种植姜田很少看见开花，偶尔可见开花（彩图 2-1）。

14. 生姜根系的形态结构特征是什么？

生姜的根系包括纤维根和肉质根两种（彩图 2-2）。纤维根主要有吸收养分、水分的功能；肉质根主要有贮藏营养物质和活性物质的功能，还具有吸收营养和支持的功能，肉质根可食用，有多种用途。

种姜播种以后，先从幼芽基部发生数条纤细的不定根，即纤维根，或称初生根。随着幼苗的生长，纤维根数量不断增多，并在其上发生许多细小的侧根，形成生姜的主要吸收根系。

生姜根系的解剖结构，与一般单子叶植物根系相似，最外层是表皮，表皮上有根毛，表皮内为皮层，皮层的最内一圈为内皮层，再往里为中柱部分，包括木质部、韧皮部和髓部。肉质不定根的解剖结构与纤维根基本相同，只是皮层部分较厚，细胞排列的层数较多。

15. 生姜根系在土壤中是如何分布的？

生姜为浅根性作物，根系的绝大部分分布在土壤 0～30 厘米深的耕作层，少量的根可伸入土壤下层。随着幼苗的生长，纤维根数量不断增多，并在其上发生许多细小的侧根，形成姜的主要吸收根系。大约在8月，植株进入旺盛生长时期以后，在姜母和子姜的下部节上，还可发生若干条肉质根，横径约0.5厘米、长10～15厘米，白色，形状短而粗，其上一般不发生侧根，根毛也很少，主要起固定和支持作用（彩图2-3）。

16. 生姜茎的形态结构特征是什么?

生姜的茎包括地上茎和地下茎两部分。地上茎直立，为叶鞘所包被，茎端不裸露在外，而被包在顶部嫩叶中。

生姜的地下茎即为根状茎，简称根茎，既是食用器官，又是繁殖器官。根茎的形态为不规则掌状，由若干个姜球组成。初生姜球称为姜母，块较小，一般具有7～10节，节间短而密；次生姜球较大，节较少，节间较稀。刚刚收获的鲜姜，呈乳黄色或淡黄色，姜球上部鳞片及茎秆基部的鳞叶，多呈淡红色，经贮藏以后，表皮老化变为土黄色（彩图2-4）。

17. 根茎形成过程与生长特性是什么?

姜种播种之后，在适宜的温度、水分和土壤养分条件下，姜种的腋芽抽生新苗形成主茎，随着主茎的生长，其基部逐渐膨大，形成初生姜球，称为姜母；姜母两侧的腋芽继续生长，各自萌发长出新苗2～4个，即为一次分枝；随着一次分枝的生长，基部逐渐膨大，又形成一次姜球，称为子姜；子姜上的腋芽再萌发长出新苗，形成二次姜球，称为孙姜。在栽培生长过程中，继续发生第三次、第四次姜球……直至姜块收获。

18. 生姜根茎姜块产量与地上分枝的相互关系是什么?

膨大的地下茎是生姜种植过程的目标产品，也是生姜的食用器官。依据根茎形成的基本特征，姜球是由主茎和各个分枝的基部膨大而形成的，因此，在正常栽培情况下，根茎姜块产量与地上分枝数量呈显著的正相关关系。即地上分枝数越多，姜球数也越多，根茎姜块

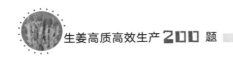

也越大，产量也越高。据田间调查，亩*产3 500千克的姜田，具有健壮的分枝姜苗10万～14万枝。

19. 生姜叶的形态特征是什么？

生姜的叶为单叶，披针形，互生，先端渐尖，表面光滑无毛，膜质。生姜叶在茎上两列，无叶柄，包括叶片和叶鞘两部分。生姜叶片绿色或深绿色，侧脉彼此平行，与主脉呈一定角度。叶长20～30厘米、宽2～3厘米。叶片下部叶鞘绿色狭长而抱茎，具有保护和支持作用，有一定的光合能力（彩图2-5）。

20. 生姜花的形态特征是什么？

我国多数地区的生姜在栽培过程中不开花，北方地区个别年份的姜田偶尔可见花蕾，南方地区植株出现花蕾的现象较多，如台湾、海南、广州等地。生姜的花为穗状花序，生于根茎发出的总花梗上，高25～30厘米，花穗长5～7.5厘米，由叠生苞片组成，苞片边缘黄色，每个苞片都包着一朵单生的绿色或紫色小花，花瓣紫色，雄蕊6枚，侧生退化雄蕊与唇瓣相连合，形成具有3裂片的唇瓣，雌蕊1枚（彩图2-6）。

21. 生姜具有观赏价值吗？

生姜一般作特色蔬菜或调味料栽培。近年来生姜也用于家庭阳台盆栽或庭院蔬菜景观，既作食用又作观赏。

观赏型姜科植物种类较多，包括艳山姜、姜荷花等，在我国南方地区以及东南亚一带栽培广泛。该类植物花器正常，花色、花形美丽，具有很高的观赏价值。

---

* 亩为非法定计量单位，1亩＝1/15公顷，余后同。——编者注

三、生姜类型品种

22. 生姜的分类如何？

根据系统分类学，生姜属于姜科（Zingiberaceae）姜属（*Zingiber*），全世界姜科植物约有 52 属，1 377 种，主要分布于热带、亚热带地区，在印度和马来西亚群岛种类丰富，分布较广泛，约有 100 种姜属植物。中国普遍栽培的生姜是姜属的一种，即 *Zingiber officinale* Roscoe，目前，中国有 60 余个地方品种，主要用作蔬菜、调味料、香精和中药原料。

23. 生姜的类型有哪几种？

有关生姜的分类，目前还没有公认的分类方法。专家们比较认可的分类方法主要有两种：一是按生物学特性分类，可分为疏苗型和密苗型；二是按姜肉颜色分类，分为黄姜和白姜。此外，还可根据生姜产区所在地的地名进行命名，即特色地方品种，如铜陵白姜、四川竹根姜、固城黄姜、莱芜片姜、安丘大姜、张良黄姜、罗平小黄姜等。

24. 观赏型姜的特点、品种有哪些？

观赏型姜通常指生姜之外的有观赏价值的姜科植物，很多都具有鲜艳夺目的花朵、奇特美丽的苞片，叶片多有美丽斑纹，能以芳香的气味和优美的姿态等给人以美的鉴赏。例如，姜花属的姜花（*Hedychium coronarium* Koen）、山姜属（*Alpinia*）的艳山姜［*A. zerumbet*（Pers.）Burtt. et Smith］、草豆蔻（*A. katsumadai* Hayata）、益智（*A. oxyphylla* Miq.），姜黄属（*Curcuma*）的温郁金（*C. wenyujin*

Y. H. Chen et C. Ling）以及姜荷花（*C. alismatifolia* Gagnep. ）等（彩图 3-1 和彩图 3-2）。

25. 我国栽培的生姜地方品种有多少？

我国自古就有生姜栽培利用的历史，生姜资源非常丰富，地方特色农家品种较多，东至辽宁、西至甘肃、南至台湾、北至河北，全国范围内均有栽培。生姜地方品种通过人们长期驯化选择，具有较强的适应性、良好的丰产性和优异的品质。目前，全国各地栽培的生姜品种有 60 余个，主要以地名或根茎、姜芽的颜色命名，抗逆性、产量、品质、风味各有特点。

26. 我国栽培的生姜地方特色品种有哪些？

目前我国生姜产区栽培的地方特色品种主要有竹根姜、绵阳姜、千佛小姜、罗平小黄姜、贵州黄姜、遵义大白姜、英山小姜、凤头姜、枣阳姜、湖南黄心姜、湖南鸡爪姜、铜陵白姜、余杭黄爪姜、兴国小姜、老黄门姜、张良姜、玉林圆肉姜、福建红芽姜、疏轮大肉姜、密轮细肉姜、城固黄姜、莱芜片姜、安丘大姜、台湾肥姜等。

（1）凤头姜。姜块肥脆，白嫩的根茎紧连呈扇形，顶上还有点点红蒂，像传说中凤凰的头，因此得名"凤头姜"，又名"来凤姜"，主产于湖北来凤县及周边县市，其表皮黄白，光滑，纤维少，肉质脆嫩，辛辣味浓，香味纯正多汁，可作鲜食蔬菜外，尤以仔姜脆嫩无筋在国内外生姜产品中独树一帜，远销国内及东南亚市场。2008 年，来凤县凤头姜获得国家地理标志产品保护认证。2011 年，来凤县凤头姜被评为"湖北十大名菜（加工菜）"。

（2）竹根姜。四川省阆中市特产，获全国农产品地理标志。竹根姜嫩姜分枝较多，呈不规则掌状，相互交错，形如竹根；表皮黄白色，鳞片浅紫红色；平均茎长 20 厘米以上，节间较长，平均单株产量 0.5 千克以上。嫩姜肉质细嫩，纤维较少，脆而不辣，商品性好，加工适应性强。

（3）安丘大姜。山东省安丘市特产，国家地理标志产品，我国北方主栽品种之一。该品种植株高大，生长势强、叶色深绿。茎秆粗壮、分枝较少。安丘大姜以其姜球肥大、色泽鲜艳、结构紧密、块大丝少、果形端正、姜味浓郁以及药用价值高而闻名。由于该品种产量高，出口销路好，颇受消费者欢迎，种植面积不断扩大。

27. 我国选育鉴定的生姜新品种主要有哪些？

近二十年来我国育种专家选育鉴定的生姜新品种主要有鲁姜1号、辐育1号、山农大姜1号、山农大姜2号、金昌大姜、安黄姜1号、安黄姜3号、冀姜5号、川姜1号、金姜、鄂姜1号、长姜1号、渝姜1号、渝姜2号、渝姜3号、渝姜4号等。

（1）渝姜1号。 该品种是采取优株选育的方法，从竹根姜群体筛选出的优异新品系。2010—2013年，在重庆永川、荣昌、江津3个区县进行区域试验，该品系较本地竹根姜表现为发芽早、长势旺、抗性强、生长点多、粗纤维含量低、姜辣素含量高等特点，年产量平均提高了18％。2014年9月通过重庆市农作物品种审定委员会鉴定，命名为渝姜1号（渝品审鉴2015015，彩图3-3）。

渝姜1号肉质较脆，发芽早、长势旺、耐旱、耐涝、生长点多、粗纤维含量低、姜辣素含量高，平均亩产3 500千克，适宜在重庆及长江中上游地区设施栽培和露地栽培。

（2）渝姜2号。 该品种是从广西白姜群体中筛选获得优良单株，对这些单株进行综合性状评价，以产量、粗纤维含量以及姜瘟病抗性为主要技术经济指标，并通过无性繁殖，反复优株选择，于2009年培育出的抗病菜用生姜新品种。2016年9月通过重庆市农作物品种审定委员会田间技术鉴定，命名为渝姜2号（渝品审鉴2017009，彩图3-4）。

渝姜2号皮薄肉嫩，水分多，粗纤维素少，姜辣素含量适中，是菜用生姜新品种，对姜瘟病抗性强，平均亩产3 200千克，表现出较好的丰产稳产特性，适合在重庆及长江流域种植。

（3）渝姜3号。 该品种是从山东引进的安丘黄姜群体中筛选获得优良单株，以粗纤维、蛋白质、可溶性糖、维生素C含量和产量为经济指标，通过无性繁殖，经11代优株选择，培育出的肉质脆嫩、蛋白质含量高、商品性较好的鲜食、调味兼用型生姜新品种，2020

年9月通过重庆种子行业协会非主要农作物鉴评委员会技术鉴定,定名为渝姜3号(渝品审鉴202009,彩图3-5)。

渝姜3号肉质脆嫩、蛋白质含量高、姜辣素含量适中,是鲜食、调味兼用型生姜新品种,对姜瘟病抗性强,平均亩产量4 200千克左右,适宜在重庆及其周边地区种植。

(4)渝姜4号。该品种是从武陵黄姜群体中筛选出品质优、性状特异的单株材料,以姜辣素含量高、丰产性稳定和抗逆性强为目标性状,经过初选、复选鉴定评价,选育成的集抗旱、抗病、优质于一体的调味料生姜新品种。2020年9月通过重庆种子行业协会非主要农作物鉴评委员会技术鉴定,定名为渝姜4号(渝品审鉴202010,彩图3-6)。

渝姜4号姜辣素含量高,辛辣风味浓郁,商品性好,抗旱性强,丰产性强,适应性强,平均亩产约3 900千克。

28. 生姜产品分几类?

生姜的产品按用途可以分为五类,分别是仔姜、新姜、老姜、干姜、炮姜。

第一类仔姜,又名嫩姜,是指在生长时期采收的鲜姜,多数是在白露或秋分之前挖的鲜姜(彩图3-7)。这时的鲜姜还没成熟,纤维素含量少,姜块细长、外观乳白色或黄白色,表面光滑,尖头部位是红色,辛辣味适中,可以作菜肴的配菜或酱腌,脆嫩鲜香,味道品质较高。白露前采挖的仔姜可制作凉拌姜丝或姜片,也可制作仔姜肉丝、仔姜啤酒鸭、仔姜鳝鱼等佳肴菜品。白露后采挖的仔姜在四川、重庆、云南等西南地区常作泡姜腌菜,与辣椒腌泡在一个坛子里,成为当地居民的调味料及开胃食材。

第二类新姜,是指生姜生长成熟时在立冬前后采收的鲜姜,不经过低温贮藏直接进入市场的姜块。

第三类老姜,是指生姜生长成熟后在立冬前后采收的姜块,通过低温冷库或地窖贮藏至翌年上市的姜块。此类姜块纤维素含量多、辛辣味浓郁、外观黄色、质地坚硬,常用于餐饮业煲汤调味,食品加工业香菇酱、风味豆豉、火锅料的制作等。

第四类干姜，是指姜的干燥根茎。初冬采挖，除去须根和泥沙，晒干或低温干燥。趁鲜切片晒干或低温干燥者称为"干姜片"。以小黄姜为主导产品，其味道辛辣，性热，中药中用的姜一般就是干姜，能温中散寒、回阳通脉、温肺化饮，主治脾胃虚寒、吐泻、寒喘咳嗽等症状。

第五类炮姜，是指干姜的炮制加工品，将干姜炒至表面微黑、内呈棕黄色的炮制姜。炮姜的性味、功效与干姜相同，但其辛燥之性减弱，温内的作用变得缓和而持久，并且可温经止血、止痛，也常用于妇科疾病。

29. 生姜栽培品种的选择依据是什么？

我国地大物博，不同地区气候差异较大，形成了适宜不同地区种植的地方特色品种，有其地域适应性，且产量、品质、风味各具"地色"。因此，生姜栽培品种的选择应考虑区域适应性、丰产稳产性、抗逆性和品质优良性。一是选择适宜当地土壤及气候特征的地方品种，如山东地区的安丘大姜、东北地区的丹东白姜、湖北地区的凤头姜、西南地区的竹根姜以及云贵地区的罗平小黄姜等；二是选择适宜当地土壤及气候特征的选育鉴定新品种，如鲁姜1号、山农大姜1号、长姜1号、鄂姜1号、渝姜1号、川姜1号、安黄姜1号等。

四、生姜生长环境

30. 我国生姜产区的主栽品种有哪些？

我国生姜种植面积和产量均居世界第一。生姜产区包括山东、河北、辽宁、湖南、四川、重庆、湖北、贵州、广西等。其中，山东莱芜市是中国生姜最大出口基地，种植面积超过20万亩，年产量近100万吨。我国生姜主产区栽培品种分为北方大姜和南方小黄姜。种植方式以露地栽培为主，设施栽培面积占生姜种植总面积的10%～15%。

北方大姜是我国北方主栽品种，包括莱芜大姜、金昌大姜、安丘大姜、山农大姜1号、山农大姜2号等。该系列品种植株高大，生长势强，一般株高90厘米，在高肥水条件下，植株高达1米以上；叶片大而肥厚，叶长20～25厘米、宽2.2～3.0厘米，叶色深绿；茎秆粗壮，分枝较少，一般每株可分生10～13个分枝，多者可达20个以上，属于疏苗型。根茎姜球数较少，姜球肥大，其上节稀而少，多呈单层排列，生长旺盛时，亦呈双层或多层排列。根茎外形美观，刚收获的鲜姜黄皮、黄肉，经贮藏后呈灰土黄色，辛香味浓，纤维少，商品质量好，产量高，单株重约1200克，重者可达1800克以上。通常亩产为4000千克，高产田可达5000～6000千克/亩。

南方小黄姜主要在长江中上游产区种植，品种包括竹根姜、凤头姜、罗平小黄姜、九山姜、邵店黄姜等，与大姜相比，小黄姜根系浅，根系不发达，根系数少且短，纵向分布在30厘米土层内，横向扩展半径30厘米。植株高70～90厘米，也可达110～120厘米；根茎肥厚，呈块状，肉质，淡黄色，外被红色鳞片，横走，多分枝，具芳香及辛辣味。

31. 生姜生长有几个时期？

生姜属无性繁殖根茎类蔬菜，播种所用的种子就是根茎。生姜的生长发育过程具有明显的阶段性，依据其生长动态和生长季节，可以划分为发芽期、幼苗期、旺盛生长期和根茎休眠期。

从播种到收获，生姜的生长周期一般在 200 天左右，从幼苗出土到收获要经过 5～6 个月的时间。①发芽期：生姜的发芽速度并不快，一般需要 50 天左右才可正常长出新芽和小叶。②幼苗期：整个阶段需要 60～70 天，此时的生姜会慢慢长出新叶，从最初的一片小叶子，逐渐生出新的侧枝，土壤中的根茎和茎秆也开始生长。③旺盛生长期：生姜长出来两个侧枝以后，标志着生姜步入了旺盛生长阶段，枝叶生长速度快，根茎逐渐膨大。④休眠期：因生姜不能忍受霜降后的低温，在霜期来临时就可进行采收，然后将其根茎贮藏使其休眠，休眠时间短则几十天，长则几年。

32. 生姜发芽期的特点是什么？

从幼芽萌动到第一片真叶展开，称为发芽期。发芽期包括催芽和出苗的整个过程，需要 45～55 天，发芽过程一般可分为 4 个阶段。一是幼芽萌动阶段，即根茎上的侧芽由休眠状态开始变为生长状态，幼芽微微凸起，颜色由暗黄变为鲜黄而明亮；二是破皮阶段，幼芽萌动 4～6 天，芽子明显凸起，姜皮被撑破裂，芽色更加鲜亮；三是鳞片发生阶段，破皮之后即出现第一层鲜嫩的鳞片，它包着幼芽，此后继续发生第二、第三、第四层鳞片；四是成苗阶段，随着鳞片不断发生，幼芽也随之伸长，幼芽基部也开始长出部分不定根，在芽苗生长至 8～12 厘米高时，第一片叶便开始展开，姜苗开始进行光合作用并制造养料，至此发芽期结束。

生姜发芽期主要依靠种姜贮藏的养分，生长速度慢，生长量也很小，但此时期是后期植株旺盛生长的基础。

33. 生姜幼苗期的特点是什么？

从主茎第一叶展开至生长具有两个较大的分枝，即形成"三股权"的形态特征，为生姜幼苗期，共需 60～70 天。幼苗出土后，纤维根逐渐增加，并发生许多细小的侧根，形成姜的主要吸收根系。幼苗期生姜生长较慢，生长量约占生姜总生长量的 7.83%，栽培管理过程中应着重提高地温，促进生根和主枝茎叶的生长，及时清除杂草，培育壮苗，为旺盛生长期大量侧枝的发生、生长及根茎形成奠定良好的基础。

34. 生姜旺盛生长期的特点是什么？

旺盛生长期是姜块形成最为重要的时期，又可分为前期和后期两大阶段。旺盛生长前期又称发棵期，仍然以茎叶生长为主；后期又称根茎膨大期，此时生长中心已转移到根茎，叶片制造的养分主要输送到根茎中积累起来形成产品，因而以根茎生长为主。

在栽培管理上，旺盛生长前期应加强肥水管理，促进发棵，使之形成强大的光合系统，并保持较强的光合能力；旺盛生长后期则应促进养分运输和积累，并注意防止茎叶早衰，结合浇水和追肥进行培土，为根茎快速膨大创造适宜的条件。

35. 生姜根茎休眠期的特点是什么？

生姜从采收后贮藏到翌年发芽之间为其根茎休眠期。由于生姜不耐寒、不耐霜，而我国大部分地区冬季寒冷，因此其不能在露地越冬。一般在早霜来临时，生姜茎叶遇霜而枯死，如遇强寒流，根茎亦会遭受冻害，因此，一般都在霜期到来之前便进行生姜的收获贮藏，迫使根茎进入休眠，这种休眠称为强迫休眠。生姜收获后入窖贮存，保持休眠状态的时间因窖中贮存条件不同而异，短则几十天，长则几年。

采后生姜在贮藏过程中，要保持适宜的温度和湿度，既要防止温度过高，造成根茎发芽，消耗养分，也要防止温度过低，避免根茎遭受冷害或冻害。此外，还要注意防止空气干燥，避免根茎干缩，保持根茎新鲜完好，顺利度过休眠期，待翌年气温回升时，再播种、发芽和生长。

36. 生姜对光照有何要求？

生姜喜温暖湿润、较阴暗的环境条件，要求中等强度光照，喜半阴而不耐强光。夏季高温强光会对生姜叶片造成日光灼伤，导致叶片发黄，叶尖叶边干枯，植株分枝减少，长势不旺，抑制了地上部生长和地下根茎干物质形成及积累，最终导致生姜产量降低、品质下降。南方产区因夏季光照强度较大，生产上常进行间作高秆作物遮光或搭建遮阴网栽培，以避免或减轻夏季高温强光日灼对生姜生长的伤害。

生姜虽然具有一定的耐阴能力，但并不是光照越弱越好。在大田生产中，若遇连续阴雨天气或遮光过度，光照不足，也不利于姜苗生长。如遮光过度（大于80%），植株会徒长，地上茎细高而纤弱，叶片很薄，叶绿素含量较少，地下茎形成减慢，降低生姜产量和品质。

37. 生姜种植如何调控光照强度？

在生姜种植过程中只有适度遮光才能使姜田土壤湿度、空气湿度、土壤含水量等诸多因素协调一致，保障生姜生长对环境条件的要求，达到优质丰产的目的。据重庆文理学院、长江大学生姜品种及绿色生产技术转化中试基地研究表明，夏季6月下旬至9月上旬姜田遮光50%~60%时，植株生长健壮，分枝数12~14，光合面积大，光合能力强，光合效率高，比较适宜生姜的生长，比不遮阴条件下的生姜增产26%~33%。

此外，各生姜产区应根据当地光照强度、气温、降水持续时长和降水量等综合因素，确定遮光时间和遮光程度。

38. 生姜不同生长时期对光照有什么要求？

生姜不同生长时期对光照的要求是不相同的。生姜发芽期要求黑暗条件；幼苗期要求低光照，幼苗期不耐强光，光照过强，植株矮小，叶片发黄，叶绿素减少，因而生产上应采取遮阴措施以利幼苗生长；旺盛生长期虽需要较多的光照，但仍不耐强光，南方夏季6月下

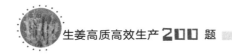

旬到 9 月上旬要适当遮光。

39. 生姜对水分有何要求？

由于生姜为浅根性作物，有根系不发达、难以利用土壤深层水分的特点，因此，在生姜生长过程中要勤浇水，保持土壤湿润。但是，又因生姜根系以肉质根为主，极易受到土壤涝害或湿害影响而损伤根系，诱发姜瘟病和产生生理病害，甚至引起死亡。因此，在生姜种植管理过程中要特别注意及时排除姜田积水。播种后至幼苗期植株小，南方常遇春夏持续阴雨（10～20 天）的特殊天气，姜田土壤容易积水成涝，造成灾难性烂种沤根死苗现象；7—8 月常遇高温、暴雨的特殊天气情况，如排水不畅，则会导致姜瘟病暴发流行，给姜农造成重大经济损失。

40. 生姜对温度有何要求？

生姜在不同的生长阶段对温度的要求不尽相同。生姜属喜温暖的蔬菜作物，不耐寒、不耐炎热，16 ℃以上由休眠状态转变为发芽状态，17～20 ℃生长缓慢，22～25 ℃适宜幼芽生长，30 ℃以上，发芽虽快，但瘦小细长。在幼苗发棵期，25～30 ℃对茎叶生长较为适宜，超过 35 ℃或低于 17 ℃，则光合作用降低，对生长不利。旺盛生长期对昼夜温差要求较高，白天温度保持 25 ℃左右，有利于茎叶光合作用，夜间温度 18 ℃左右，则有利于干物质积累，当温度降到 15 ℃以下，植株便停止生长。根茎休眠期对温度的要求更严格，温度应控制在 11～13 ℃，过高或过低均会对姜块造成损伤。

41. 生姜对土壤有何要求？

生姜是以地下膨大的根茎为产品的蔬菜作物，虽然其对土壤的选择不是特别苛刻，但生产上仍以土层深厚、土质疏松、通透性良好的壤土栽培为好。最适宜生姜生长的土壤应该是表土沙性适中，通透性强且升温速度快，下层土壤有良好的保水保肥性，以促使根茎膨大。不同土质对生姜产量和品质均有一定的影响，沙性土壤有机质含量较低，保水保肥性能较差，栽培产量低，但根茎表面光洁美观，含水量较少，干物质较多；壤性土壤有机质含量较丰富，保水保肥能力较强，且肥效持久，栽培产量较高，根茎质地细嫩，含水量较高。

42. 生姜对土壤 pH 有何要求？

生姜植株对土壤酸碱性比较敏感，土壤酸碱性对生姜茎叶和地下根茎生长都有明显的影响。生姜喜中性至微酸性土壤，不耐强酸强碱性土壤，植株在 pH 5～7 的范围内生长较好，以 pH 为 6 时根茎生长最好。pH 大于 8 对生姜各器官的生长都有明显的抑制作用，表现为植株矮小，叶片发黄，长势不旺，根茎发育不良。因此，生姜栽培应注意土壤 pH，盐碱涝洼地不宜种植生姜。综上，生姜种植应选择中性偏酸、疏松肥沃的土壤。

43. 生姜对矿质营养有何要求？

生姜是喜肥耐肥蔬菜作物，由于其生长期较长，为 150～180 天，植株较大，地上分枝多，因此需肥量较大。在栽培过程中以氮、磷、钾三要素为主，整个生育期吸收钾最多，其次是氮，再次是镁、钙、磷。生姜生长除需要氮、磷、钾、镁、钙等大量、中量元素外，还需要锌、硼等微量元素。

44. 生姜吸收矿质营养有何规律？

生姜在不同的生育时期对矿质营养的吸收量不同。幼苗期生长量小，对肥料的吸收量也小；旺盛生长期植株生长量大，根茎生长量也大，对肥料的吸收量大。据试验观测，生姜幼苗期对氮、磷、钾的吸收量占全生育期总吸收量的 12.25%；旺盛生长期对氮、磷、钾的吸收量占全生育期总吸收量的 87.75%。生姜体内营养元素的分配规律是氮、磷、镁在根茎中分配积累最多，其次是地上茎叶；钾以地上茎叶分配积累最多，其次为根茎；钙以地上茎叶分配积累最多，其次为根茎。

45. 矿质营养对生姜生长及品质有何影响？

生姜对氮、钾比较敏感。氮是蛋白质的主要成分，也是叶绿素的主要元素，因此氮与生姜光合作用及新陈代谢密切相关；缺氮时，田间植株矮小、茎秆细弱、叶色淡绿、光合作用减弱、产量减少、品质下降。钾是生姜生命活动中许多酶的活化剂，参与调节多种代谢活动，对植株的生长发育、光合产物的转运、氮素转化、碳水化合物的合成与积累等都有十分重要的作用。钾肥充足时，植株叶片肥厚、茎秆粗壮、分枝数多、根茎肥大、产量高、品质好；姜田土壤缺钾时，植株长势明显减弱，根茎产量、品质也显著下降。磷作为植株体内蛋白质、磷脂等许多重要有机化合物的组成成分，参与多种代谢作用，其供应量与生姜生长发育、产量和品质有密切关系。

46. 微量元素对生姜生长及产量有何影响？

生姜栽培管理过程中除需要氮、磷、钾、钙、镁、硫等大量、中量元素外，还需要一些微量元素。硼和锌是生姜生长发育的必需元素，适量增施会对其生长、生理特性以及产量、品质有促进作用。据试验测定，每生产1 000千克生姜根茎，需要吸收硼3.76克、锌9.88克。但从土壤普查结果看，我国生姜产区土壤耕作层硼、锌含量不足，处于缺乏状态。据试验观测，每亩姜田增施硫酸锌2千克，姜块产量提高24%；每亩姜田增施硼砂1千克，姜块产量提高12%；硫酸锌和硼砂同时施用，姜块增产效果更加显著。

47. 生姜栽培施肥关键技术要点是什么？

根据科研结果与生产实践经验，将长江中上游生姜栽培施肥关键技术总结如下。

（1）"3个1"的基肥方法。结合姜田土壤改良，每亩撒施1 000千克生物有机肥、100千克饼肥、100千克氮磷钾复合肥作基础肥料，撒施后用拖拉机深耕细耙，均匀耕细土壤。

（2）"2+1"的微肥方法。每亩姜田施用2千克硫酸锌加1千克硼砂拌细土50千克，均匀撒施。

（3）**"2＋2＋2＋2"的追肥方法。**生姜幼苗出土后每亩姜田及时追施 20 千克高钾、高氮、低磷水溶性冲施肥；在植株旺盛生长期长出 2～3 个分枝时，结合第一次中耕培土每亩追施 20 千克高钾、高氮、低磷水溶性冲施肥；在植株旺盛生长期长出 4～5 个分枝时，结合第二次中耕培土每亩追施 20 千克高钾、高氮、低磷水溶性冲施肥；在植株旺盛生长期长出 6～7 个分枝时，结合第三次中耕培土每亩追施 20 千克高钾、高氮、低磷水溶性冲施肥。

五、生姜种苗繁种

48. 生姜种性退化的原因是什么？

长期以来生姜产业存在姜种品质下降，抗逆能力变弱，产量低而不稳，种性退化严重等问题。造成种性退化的主要原因：一是生产上长期利用无性繁殖方式繁种，受不良生态环境的影响，生姜体内携带烟草花叶病毒和黄瓜花叶病毒及病原菌等；二是为了增加经济收入，人们片面追求生姜产量，盲目施用化肥，造成土壤富营养化和盐渍化；三是生姜栽培良种良法不配套；四是选种留种和贮种方法不当。

针对种姜携带病菌导致种性退化、低产低效的问题，重庆文理学院特色植物研究院、长江大学香辛作物研究院等单位开展了试管苗快繁与无菌苗繁种、病菌检测研究，建立了生姜无菌苗高效快繁技术体系。以无菌苗为核心，集成无菌苗—原原种—原种—生产种的链式苗繁种技术，改变"姜母"繁育种姜的传统模式，建立了无菌苗繁育种姜标准化生产技术。

视频 1
生姜脱毒苗
的继代培养

49. 生姜茎尖培养脱毒原理是什么？

植物茎尖培养脱毒的原理即"植物体内病毒梯度分布学说"：病毒在植物体内的分布是不均匀的，病毒的数量因植株部位及年龄而异，越靠近植株顶端分生区的病毒感染浓度越低，生长点（0.5～1.0毫米）则几乎不含病毒或含病毒很少。这是因为病毒运转速度慢，加上茎尖分生组织没有维管束，病毒只能通过胞间连丝传递，赶不上细胞分裂和生长的速度，因此植株生长点的病毒数量极少或无，采用很小的茎尖离体培养可脱除植物病毒。

茎尖越小其带毒率越低，脱毒效果越好，但是操作难度也越大，培养成活率越低，形成完整植株的能力越弱；茎尖越大，其操作越容易，茎尖培养成活率越高，形成完整植株的能力越强，但茎尖的带毒率越高，其脱毒效果就越小。因此，在剥离茎尖时，要兼顾脱毒率、成活率及茎尖发育成完整植株的能力，一般茎尖长度以 0.1～0.3 毫米为宜。

50. 生姜组培苗生长环境特点是什么？

生姜组培苗通过固定培养在玻璃瓶中生长，与外界环境完全隔离，形成了一个独特的生长环境（彩图 5 - 1）。与外界环境条件相比，生姜组培苗的生长环境具有以下四大特点：恒温、高湿、弱光和无菌。

（1）恒温。 生姜脱毒组培苗整个生长过程中，采用恒温培养，温度控制在（25±2）℃，白天和夜间温差较小。

（2）高湿。 生姜组织培养中培养瓶内的水分移动有两条途径，一是组培苗吸收的水分，从叶面气孔蒸腾；二是培养基向外蒸发，而后水汽凝结又进入培养基。这种循环是培养瓶内的水分循环，其结果是造成培养瓶内空气的相对湿度接近100%，远高于培养瓶外。

（3）弱光。 培养瓶内的光照强度与外界太阳光相比要弱很多倍，生姜叶片光合能力较弱，培养过程中需要逐渐增加光照强度，通过驯化来适应外界环境的变化。

（4）无菌。 生姜组培苗所在环境的最大特点是无菌，在移栽过程中组培苗需经历由无菌环境向自然环境的逐步转换。

51. 生姜组培苗有何特性？

生姜组培苗有以下 4 点特性。

（1）叶片结构。 生姜组培苗海绵组织细胞层增加而栅栏组织较弱，表皮的蜡质层减少，气孔发育较差且开关能力很低。

（2）生理特性。 生姜组培苗气孔的保卫细胞含钾量低，叶片的光合作用体系尚未建立，不能产生光合产物，只能依靠外界提供营养来满足生长。

（3）根系特点。生姜组培苗根毛较少、发育较差，根系对矿质营养的吸收能力相对较弱。

（4）抗逆特性。由于生姜组培苗是离体恒温、高湿、弱光条件培养获得的，还不适应外界环境条件变化，其抗病、抗逆能力较弱，移栽初期易感染病菌死亡。

52. 生姜组培苗的驯化方法是什么？

生姜组培苗驯化的目的在于提高其对外界环境条件的适应能力，提高组培苗的移栽成活率。生姜组培苗移栽前的驯化锻炼即炼苗。炼苗方法为：把组培车间生长健壮、根系完整发达的生姜组培苗由光温控制培养室转到遮阳70%的连栋温室中锻炼，炼苗6～7天，在自然光下恢复生姜组培苗体内叶绿体的光合作用能力，然后打开瓶盖炼苗2～3天，使其由无菌环境生长过渡到自然环境生长。

53. 生姜组培苗驯化流程是什么？

生姜组培苗驯化在840型标准化连栋薄膜温室内进行，其程序如下。

（1）基质准备。生姜组培苗移栽基质宜选用疏松透气、排水良好的基质。经试验证明，用以下两种配方为宜：①泥炭土和珍珠岩体积比8∶2混合均匀；②园土、河沙、珍珠岩体积比6∶2∶2混合均匀。

（2）基质装穴盘。把搅拌混合均匀的营养基质装入直径4.5厘米的72孔穴盘，装紧压实，以稀释1 000倍的77%氢氧化铜药液浇灌穴盘，对育苗基质进行消毒。

（3）组培苗清洗。用方形塑料容器，容量在50～60升，盛2/3的水，把经过炼苗的生姜组培苗取出，用双手轻拿根茎部在水中来回摇晃，直到培养基散开脱落，用双手将其与植株分开，注意不要伤苗，除去组培苗上的老组织、烂叶、黄叶、枯叶等。

（4）移栽定植。把清洗好的生姜组培苗移植在装有基质的穴盘中，每孔定植1苗，不能栽植过深，以营养基质盖住种苗根茎部1～1.5厘米为宜。

（5）浇水消毒。种苗定植穴盘后浇定根水，用90%姜瘟宁400倍液浇淋，要浇透药液。

（6）光照调控。刚移栽定植的生姜组培苗要用 70％遮阳网遮光；1 个月内要避免阳光直射，夏季生长期晴天 9:00—17:00 要遮光。

54. 生姜组培苗驯化培育肥水调控技术有哪些？

生姜组培苗驯化培育肥水调控技术关键在于管控好温室环境湿度和肥料养分浓度。

（1）环境湿度管控。在生长季节，晴天 11:00 和 17:00 分别喷雾 7～9 分钟，以保持温室环境内有较高的空气湿度，阴天视温室环境的湿度灵活掌握；雨天要加大通风，温室四周的薄膜需向上卷起。

（2）肥料养分管控。生姜组培苗移栽定植后需施肥，以液体肥料为主。在生姜组培苗移栽定植培育 7 天之后，浇施 0.1％氮磷钾复混肥，之后每 7 天浇施 1 次 1％氮磷钾复混肥，种苗出圃前 15 天停止施肥。

55. 生姜组培苗驯化培育病虫害防治技术有哪些？

生姜组培苗驯化培育病虫害防治技术关键在于管控好蚜虫等小型害虫和幼苗病害。

（1）虫害防治。生姜组培苗在温室培育过程中常有蚜虫、蓟马、红蜘蛛等小型害虫危害种苗叶片，以 25％灭蚜威乳油 1 000 倍液喷雾防治蚜虫，每 6～7 天喷施 1 次，连续喷药 2 次；以 1.8％阿维菌素乳油 3 000 倍液喷雾防治蓟马；以 20％复方浏阳霉素 1 000 倍液喷雾防治红蜘蛛，每 4～5 天喷 1 次，连续喷 2～3 次；注意喷药作业要选择晴天进行。

（2）病害防治。生姜组培苗在温室培育过程中应注意预防根茎腐烂病、叶枯病、软腐病等，用新植霉素 4 000 倍液或 400～800 克蜡质芽孢杆菌可湿性粉剂兑水 30～40 千克灌根或喷洒植株茎基部，每隔 7 天施药 1 次，连续用 2～3 次。

56. 生姜脱毒组培苗移栽驯化管护技术有哪些？

移栽后的组培苗需要经过一段时间的精细管理，而后逐渐过渡到常规栽培管理，其间要注意进行温度、湿度、光照和肥水管理，为组培苗的快速生长创造有利的条件（彩图5-2）。

（1）温度。生姜营养生长阶段最适合的温度为18～26 ℃。生姜组培苗移栽后环境温度以白天保持在24～28 ℃、夜间不低于18 ℃为宜。

（2）湿度。生姜在低湿状态下有较强的适应能力，在高湿环境下往往伴随病害的发生，常规栽培最适宜的环境相对湿度为60％～80％，较高湿度有利于减小叶片蒸腾速率，减轻根系吸水的负担。湿度过低不利生长；过高易造成病害发生。

（3）光照。刚移栽的生姜组培苗光照不宜过强，光照过强会使叶片皱缩，导致生长停滞。瓶苗移栽后，为减少叶片水分蒸腾，需要进行遮光处理，遮光率在65％左右，前两周光照强度保持2 000～3 000勒克斯，而后逐渐提高至6 000勒克斯左右。

视频2
生姜脱毒
种苗繁育

（4）通风。移栽后的组培苗应置于干净通风的环境中，逐步增加通风时间，两周后即可进入常规管理，每天通风6小时左右。

（5）肥水管理。新移栽的组培苗浇定根水后在第一周内无须浇水，适当的干燥可促使幼苗根系生长，也可以避免软腐病的发生。一般7天左右基质会逐渐干透，第二周即可浇水，浇水时要让整个基质都均匀湿透，同时注意防止苗的叶心积水引起烂心，导致植株死亡。

57. 生姜苗繁种的技术内容有哪些？

传统的姜种繁殖培育都是以姜块进行无性繁殖，俗称"姜母繁殖"。随着现代生物技术的发展和生姜脱毒组培种苗的工厂化生产，生姜"苗繁种"高效繁育生产制种技术得到发展和应用，即以生姜无毒无菌组培种苗为种源，按照株距30厘米、行距40厘米定植于搭有50％遮光网的隔离网室土壤中，经过5～6个月的生长，每株组培苗繁育30～40粒姜球。以组培苗定植田间繁育收获的姜球为原原种；以原原种在隔离条件下田间生产繁育收获的姜球为原种；以原种在大田条件下生产繁育收获的姜块为生产种。这种以脱毒组培种苗繁育姜种的技术称为生姜苗繁种技术。

58. 生姜苗繁种技术要点有哪些?

生姜苗繁种技术要点如下。

(1) 准备移栽驯化好的脱毒组培种苗。以驯化培育 40～50 天的穴盘苗,株高 5～6 厘米,茎基部粗 3 毫米,无病虫害的健壮苗为宜。

(2) 建立隔离网室荫棚。40 目防虫网围住四周,顶部用 50% 遮光网挡住部分阳光,以保障组培苗在繁育制种过程免受媒介害虫危害,避免强光伤害幼苗。

(3) 改良繁育制种土壤。选择土层深厚、土壤肥沃的沙性土壤,每亩撒施生物有机菌肥 1 000 千克,复合肥 100 千克,用拖拉机深翻细耕至土壤呈粉状。

(4) 穴盘苗定植。在 4 月下旬至 5 月上旬把准备好的生姜脱毒组培穴盘苗按照株距 30 厘米、行距 40 厘米定植于隔离网室中,定植后浇 1 次透水。

(5) 生产管护。种苗在田间生长 30 天后开始分蘖,注意防除田间杂草和中耕保墒、适时浇水施肥。

(6) 采收贮藏。在立冬前根据当年气温情况(一般在气温降低到 15 ℃时)适时采收姜种,剪除根系和地上部茎叶,田间摊晾半天至一天,室内沙存或贮藏于控温在 11～15 ℃ 的冷库中。

(7) 扩繁制种。翌年春季在气温达到 16 ℃时,取出姜种进行筛选掰种,定植田间,繁殖第二代姜种,即原种。第三年以原种定植于生产大田繁殖生产种。

59. 生姜特异株系如何被发现与留种?

在生姜栽培过程中,有时会在田间发现种植的群体种里有 1 株或几株长得"与群不同",可能是芽变单株,特别是对于株高、叶色、茎粗、分枝数以及姜块有特异性的单株,应单独编号、单独采收、单独保留、单独存放,翌年单独种植于生产田间,与原来的群体种进行比较观测,鉴定其农艺性状、产量性状、品质性状以及抗逆性,为新品种选育积累核心种质材料(彩图 5-3,彩图 5-4)。

六、生姜连作消毒

60. 连作对生姜植株的危害有哪些？

生姜连作使土壤有害病原物积累增加，土传姜瘟病、茎基腐病加重；生姜连作根系化感物质（分泌物和腐解物）积累，产生自毒作用，抑制根系生长及其活性，根毛大量减少，根系范围缩小；生姜连作引起营养元素失衡，土壤次生盐渍化和酸化，进而引起生理病害，植株生长滞缓或停止，姜薷黄化，叶缘焦枯，甚至落叶，产量降低，品质下降（彩图 6-1）。

61. 生姜连作障碍产生的原因有哪些？

作物产生连作障碍的原因主要有以下 3 个，即土壤生物学环境恶化、土壤理化性质恶化和化感自毒作用。

（1）**土壤生物学环境恶化。** 生姜作物连作，由于种植制度和管理方法相同，为土壤及根际微生物创造了相对稳定的生态环境，由此改变轮作条件下微生物群落的多样性水平，造成微生物种群失衡，并最终导致土壤生物学环境恶化。

（2）**土壤理化性质恶化。** 生姜连作多年后，土壤耕作层变浅、通透性变差、容重增大，土壤养分不平衡、部分养分亏缺，土壤肥力下降，连作使土壤产生次生盐渍化及酸化，不利于植株根系的生长发育，阻碍植株生长。

（3）**化感自毒作用。** 已发现生姜可通过根系分泌、根茬腐解、茎叶淋洗、微生物代谢活动等途径向环境中释放化感物质，这些化感物质引起生姜的自毒作用。

62. 生姜连作障碍的防治措施有哪些？

生姜连作障碍可用以下措施进行防治。

（1）晒土休耕。 栽培早仔姜或姜芽的产区，在 5—6 月收获仔姜后利用夏季自然高温强光进行晒土休耕，翌年再种植。如重庆荣昌盘龙、四川乐山等地。

（2）水旱轮作。 以水稻与生姜进行水旱轮作，如今年种植生姜，翌年种植水稻，种植过水稻的地，第二年种植生姜。如重庆梁平、四川开江等地。

（3）换地轮作。 每年更换新地种植生姜，如重庆丰都、涪陵、万州等。

（4）施用拮抗微生物制剂。 用生防种子包衣剂在播种前对姜种进行包衣处理；在姜种周围形成生防屏障；生防制剂和土壤添加剂混合施加在姜种定植沟的土壤中，或与其他肥料一起施用；在生姜幼苗根际形成有益微生物屏障，达到消灭有害病菌的效果。

63. 生姜连作土壤常用消毒剂有哪些？

目前，生姜连作土壤常用的消毒剂主要有氯化苦、棉隆、威百亩等。

氯化苦（chloropicrin）是国家监管农药。氯化苦作为土壤熏蒸剂在国内应用已有十余年时间，在作物定植前使用，能够高效防治土传病虫草害，对作物安全且在农产品中无残留。

棉隆（dazomet）在土壤中可分解成有毒的异硫氰酸甲酯（methyl isothiocyanate）、甲醛和硫化氢等，并迅速扩散至土壤颗粒间，能有效杀灭土壤中的线虫、细菌、真菌、地下害虫及萌发的杂草种子等，是一种高效、低毒、无残留的土壤熏蒸消毒剂。

威百亩（metham-sodium）在土壤中分解释放出异硫氰酸甲酯进而发挥熏蒸作用，能有效杀灭土壤中的真菌、细菌、线虫及萌发的杂草种子。

64. 生姜连作土壤化学熏蒸的特点是什么？

生姜连作土壤化学熏蒸是将熏蒸剂注入土壤。熏蒸剂可以均匀分布到土壤的各个角落，可快速、高效杀灭土壤中的真菌、细菌、线虫、杂草、土传病毒、地下害虫及啮齿类动物，是解决生姜等高附加值经济作物重茬问题、提高作物产量及品质的重要措施。在种植作物之前，土壤熏蒸剂在土壤中已分解、挥发，不会对作物造成药害。

65. 生姜土壤熏蒸后有益微生物如何恢复？

由于土壤熏蒸技术具有无选择性的灭杀特性，因此会将土壤中有害的和有益的生物都一并杀灭。目前对顽固的土传姜瘟病、茎基腐病、蛴螬等病虫害，土壤熏蒸消毒是最有效的防治措施。熏蒸后的土壤2～3个月可自然恢复微生物种群，熏蒸处理后通过施加有益微生物菌群，会加速土壤中有益微生物群落的重建速度，构建有利于作物快速生长的土壤微生物种群。

66. 生姜连作土壤消毒方法有哪些？

如果生姜种植前茬作物为禾本科粮食作物，则不需要进行土壤消毒；如果前茬作物为茄果类蔬菜，则需要进行土壤消毒（彩图6-2）。生姜连作土壤消毒的方法有物理消毒和药剂消毒两种。

（1）物理消毒。 在春夏交际、夏季、夏秋交际可充分利用太阳能进行闷棚或覆膜消毒。先对土壤进行深耕打细使其呈粉粒状，适当浇水，保持土壤湿度在75％左右，温度在45 ℃以上连续闷棚或覆膜5～7天，可杀死80％以上的病虫。

（2）药剂消毒。 在将要种植生姜的土壤上提前深耕50厘米，土块打细呈粉粒状，选择晴天浇水，使土壤湿度维持在75％左右，撒施棉隆颗粒剂，先用旋耕机翻转土壤，再立即盖上薄膜，密闭20～30天，之后散气松土。

67. 如何进行土壤熏蒸氯化苦注射施药技术？

把氯化苦液体熏蒸剂通过特制的注射施药器械均匀地施入土壤中，目前专用施药器有手动和机动两种。

（1）施药量。 根据重茬时间的长短，每平方米土壤推荐使用99.5％氯化苦液体熏蒸剂50～80克。

（2）**土壤条件**。施药前 3～7 天灌水，调整土壤相对湿度为沙土60%～80%、壤土 50%、黏土 30%～40%。再进行土壤旋耕，旋耕时充分碎土，清除土壤中的植物残根、秸秆和大的土块、石块等。

（3）**施药方法**。

① 手动器械注射施药法。将药剂注入地表以下 15～30 厘米深度的土壤中，注入点间距为 30 厘米，将药剂均匀注入土壤内，每孔用药量 2～3 毫升，边注入边用脚将注药穴孔踩实，操作人员应逆风向行进操作。该方法操作简单，但效率较低，适用于小面积施药。

② 动力机械注射施药法。动力机械注射施药法是通过机械动力驱动，用"凿式"结构的注射装置将药剂注入土壤中。在确定施药量后，调节好注射量，将药桶置于专用的施药机械上，该机械需配置 6马力（约 4 410 瓦特）以上的拖拉机。每隔 30 厘米，注药 2～3 毫升，注射深度为 15～30 厘米，根据作物扎根深度可适当加深。

（4）**覆盖塑料薄膜**。为了防止药剂挥发，每完成一块地施药后需要立即覆盖塑料薄膜。覆盖塑料薄膜应按照膜的宽度在施药前提前开沟，将膜反压后用土盖实，防止漏气。在塑料薄膜上适当加压部分袋装、封好口的土壤或沙子（2～5 千克），以防刮风时将塑料薄膜刮起或刮破，发现塑料薄膜破损后需及时修补。塑料薄膜应采用厚度0.03 毫米以上的原生膜，不得使用再生膜。

（5）**揭膜**。温度越低，覆盖塑料薄膜的时间应越长，夏季覆膜时间通常为 7～14 天。揭膜时，先掀开膜的两端，通风 1 天后，再完全揭开塑料膜，揭膜后的散气时间一般为 7～14 天。

注意事项：要计算好开始熏蒸的时间，以保障有足够的熏蒸和散气时间，且不耽误播种，为了使土壤中残存的药剂散尽，可用清洁后的旋耕机再次旋耕土壤；确定药剂已全部散尽后（可做蔬菜种子发芽率对比测试），开始播种。

68. 氯化苦熏蒸土壤的注意事项是什么？

（1）**适宜的天气**。适宜熏蒸的土壤温度是地表以下 15 厘米处达15～20 ℃。避免在极端天气下（低于 10 ℃或高于 30 ℃）进行熏蒸操作，夏天尽量避开中午天气炎热时段施药。

（2）**作业环境。**向手动注射器内注药时应避开人群，杜绝围观，禁止儿童在施药区附近玩耍；将注射器出药口插入地下；施药时必须逆风向作业；无明显风力的小面积低洼地且旁边有其他作物时不宜施药；施药地块周边有其他作物时，需要边注药边盖膜，防止药剂扩散影响周边作物的生长。

（3）**安全防护措施。**施药人员进行配药和施药时，需戴手套，严禁光脚和裸露皮肤，必须佩戴有效的防毒面具、防护眼镜并穿防护隔离服。

（4）**技术培训。**施药人员需经过安全技术培训，培训合格后方能操作。

（5）**器械清洗和废弃物处理。**施药后，器械应用煤油冲刷，防止腐蚀，手动注射工具使用半天后就需要清洗；严禁在河流、养殖池塘、水源上游、浇地水沟内清洗施药器械及包装物，施药后用过的包装材料应收集在一起，集中进行无害化处理。

（6）**氯化苦的贮藏。**氯化苦应存放在干燥通风的库房内，远离火种热源、氧化剂、强还原剂、发烟硫酸等，不得与食物、饲料等混放；存储时间不超过2年。

（7）**氯化苦的运输。**氯化苦属于危险类化学品，是国家公安、安检部门专项管理的产品，需由专门的危险品运输车辆运输，严禁私自运输；装卸时应轻拿轻放，防止包装破损；运输过程应用棚布盖严产品，以防阳光直射或受潮。

69. 如何进行土壤熏蒸剂棉隆混土施药技术？

该方法简便易行，可借助机械实现大量、快速施药，主要有以下优点。①高效：一台大型施药机1小时施药面积可达1公顷。②安全性好：对施药人员安全。③简便、易掌握。④施药成本低。

棉隆混土施药技术主要分为4个步骤：撒施，混土，浇水，覆膜。

（1）**撒施。**棉隆的用量受土壤质地、温度和湿度的影响，通常生姜田推荐用量为 $29.4\sim44.1$ 克/米^2。施药前应仔细整地，去除病残体及大的土块；采用撒施或沟施的方式施药。

（2）**混土**。混土过程主要通过旋耕机完成，旋耕深度应达到30～40厘米，使药剂与土壤充分混合均匀。

（3）**浇水**。施用棉隆后应浇水，土壤湿度应保持在70％以上，土壤10厘米处的温度最好在12℃以上。

（4）**覆膜**。覆膜的程序和要求与氯化苦注射施药法相同。塑料薄膜应采用厚度0.03毫米以上的原生膜，不得使用再生膜。棉隆应于播种或移栽前至少4周使用。

注意事项：①棉隆严禁拌种使用；②人工撒施需戴手套操作；③揭膜后应保证充分的散气时间，以免作物出现药害；④施药后用过的包装材料应收集在一起，集中进行无害化处理。

70. 如何进行土壤熏蒸剂威百亩施药技术？

威百亩浓溶液稳定，稀溶液不稳定，在土壤中降解出异硫氰酸甲酯发挥熏蒸作用，可以抑制生物细胞分裂和DNA、RNA、蛋白质的合成，造成生物呼吸受阻。在适当的土壤环境条件下，能够有效杀灭土壤中的真菌、细菌等有害微生物，同时对线虫、地下害虫有较好的防治效果，还可以杀死田间杂草种子，起到除草的效果，最终异硫氰酸甲酯完全降解，不会对作物产生不良影响，在作物及果实中无任何残留。

（1）**选择时间，清除残留**。最好选择夏天（7—8月），此时天气最热、光照最好，将前一季蔬菜残留物及时清除出温室或大棚，防止造成二次感染。

（2）**灌水**。将温室或大棚土壤整平后灌水（可在翻地前3天灌水），既使土壤充分湿润，又要保证水分下渗后能用简单机械（如旋耕机）作业，使土壤相对湿度达到30％～50％。

（3）**深翻**。施药当天用旋耕机深翻土壤（30～40厘米深为好），增加土壤的通透性。

（4）**施药**。根据田间生产条件推荐大水冲施或滴灌用药，将滴灌管均匀铺设后，在滴灌管外覆膜，通过施肥器将威百亩施到田间，仔细检查柱子周边、地膜接口处，防止土壤水分散失及跑气漏气。密封时间为10天，如果消毒期适逢连阴天可以适当延长密封时间。

（5）闷棚。 日光温室或大棚条件下，为达到更好的消毒效果，在地面覆膜以后将所有通风口闭合，使棚内温度迅速升高，增强消毒效果。

（6）揭膜晾晒。 消毒完成后揭膜，用旋耕机深翻土壤（应控制深度，20～30厘米最好，以防把土壤深层的有害微生物翻到地表），晾晒7～10天；做畦，播种或定植作物。如果掌握不准，可以先播种少量白菜种子，确保正常出苗再播种或移栽姜种（苗）。

注意事项：①用药现配现用；②勿与含钙的农药混用，如波尔多液等；③不可直接喷洒于作物，一季最多施用一次；④施药时做好防护，施药后洗净手脸；⑤妥善处理清洗器具、废弃物，切勿将废液排入水源，也不能随意丢弃或作他用。

71. 土壤熏蒸关键技术要点是什么？

土壤翻耕、土壤温度、土壤湿度对土壤熏蒸效果有很大的影响，具体技术要点如下。

（1）深耕土壤。 科学的土壤准备是达到土壤熏蒸效果最重要的因素。土壤需仔细翻耕，如苗床一样，确保无作物残体，无大的土块。当土块较大时，药剂不能穿透土块内部，当土块遇水软化后，内部的病原菌就会释放到消毒后的土壤中。特别注意清除土壤中残存的姜块，因为药剂不能穿透姜块内部，当姜块腐烂后，内部的病原菌会释放到土壤中，侵染健康生姜。旋耕深度最好达到40厘米，以利药剂穿透至深层土层杀灭病菌。

（2）土壤温度。 土壤温度对熏蒸剂在土壤中的移动有很大的影响，同时也影响土壤中活的生物体。适宜的土壤温度有助于熏蒸剂的移动。温度太低，熏蒸剂移动较慢；温度太高，熏蒸剂移动加快。适宜的温度可让靶标生物处于活动状态，以利更好地杀灭。通常适宜的土温是15厘米深的土壤15～20℃。

（3）土壤湿度。 适宜的土壤湿度可确保杂草种皮软化、有害生物处于活动状态，且可保证充足的湿度以活化熏蒸剂，如棉隆。此外，适宜的湿度有助于熏蒸剂在土壤中的移动。通常土壤相对湿度应在60%左右。为了获得理想的含水量，可在熏蒸前进行灌溉，或雨后几天再进行熏蒸。在熏蒸前后，过分灌溉会破坏土壤的通透性，不利于熏蒸剂在土壤中的移动。

（4）薄膜覆盖。由于熏蒸剂都易汽化，并且穿透性强，因此薄膜的质量显著影响熏蒸的效果。推荐使用厚度 0.03 毫米以上的原生膜，不推荐使用再生膜。如果塑料膜破损或变薄，需要用宽的塑料胶带进行修补。当前最有效的塑料膜是不渗透膜，可大幅度减少熏蒸剂的用量。薄膜覆盖时，应全田覆盖，不留死角。薄膜相连处，应采用反埋法。为防止膜连接处被刮起，可将消过毒的土壤装入塑料袋中，再将塑料袋压于膜接缝处。

（5）播种前安全性测试。消过毒的土壤应进行种子萌发安全性测试。取两个透明广口玻璃容器，分别装入半瓶消过毒和未消毒的土壤（取自 10~15 厘米土层）。用镊子将湿的棉花平铺在容器中土壤的上部，在其上放置 20 粒已浸泡 6 小时的莴苣种子等易萌发的作物种子，然后盖上瓶盖，置于无直接光照、25 ℃环境下培养 2~3 天，记录种子发芽数，并观察发芽状态。当消毒与未消毒的土壤种子萌发率相当，且种子发芽率在 75% 以上，消毒土壤中种苗根尖无烧根现象时，即表明该安全性测试通过。

七、生姜高效栽培

72. 姜种的质量标准是什么？

　　栽植生产用种的姜田要独立栽培且进行繁殖管控，姜种繁殖区的四周应无茄果类蔬菜，并与生姜种植生产区隔离，严控土传姜瘟病、茎基腐病、害虫等的发生。姜种质量优劣和是否携带病菌将影响生姜翌年的田间生长势和发病情况以及产量品质，因此选好姜种是生姜高质高效栽培的第一环节，至关重要。

　　姜种质量标准：姜块肥壮饱满，色泽黄白鲜亮，质地坚硬，无病虫害，无水渍状，无腐烂变质，无萎缩干瘪。不达标的姜种坚决不要。

73. 困姜晒种有什么意义？

　　播种前 30 天左右，北方多在清明节前后，南方则于春分前后，从贮藏窖将姜种取出，于室外空地上或草席上晾晒 1～2 天，夜间再收进室内以防受冻（彩图 7-1）。

　　生姜晒种的作用有以下 3 点。一是提高姜块温度，促进姜种体内养分转化分解，从而加快发芽速度。一般姜窖内的温度为 13～14 ℃，姜种在此温度条件下，基本处于休眠状态，经晒种后，姜种体温明显提高。二是减少姜块水分，防止姜块腐烂。由于贮姜窖内空气湿度大，姜块含水量较高，经适当晾晒后，可降低姜块水分，尤其是自由水含量，防止催芽过程中发生霉变腐烂。三是有利于选择健康姜种。带病姜块未经晾晒时，病症不甚明显，经晾晒之后，则往往表现为干瘪皱缩，色泽灰暗，病症十分明显。因此，晒种便于淘汰病姜种。

姜种晾晒 1～2 天后，即可将其置于室内堆放 2～3 天，姜种堆上覆盖草帘，促进养分转化分解，此过程称为困姜。一般经 2～3 次晒姜、困姜，便可开始催芽了。必须注意，晒姜要适度，切不可晒得过度。中午阳光若强烈，可用竹席遮阴，以免姜种失水过多，姜块干缩，出芽细弱。

74. 种植生姜如何选择地块？

生姜根系不发达，吸收能力较差，对土壤条件要求较高。若田块土壤不够肥沃，虽然通过后期施肥能够在一定程度上改良生姜的生长条件，但难以实现高产优质。因此，种植人员需合理选择栽培田块，保证田块土壤具有丰富有机质，土层深厚；发生过姜瘟病的地块最好 3～4 年内不要种姜或种姜前必须进行土壤深层消毒。生姜耐阴性较强，忌阳光直射，适宜密植。种植人员可适当增大栽培密度。通常情况下，最好在坐北朝南的山坡地种植，减少排灌量，且尽量避免在同一地块连作生姜，否则将会减弱植株长势，增加病虫害发生率，降低生姜整体产量。同时，生姜的单位产量较高，在选择地块时，还需要考虑地块的交通便利性，方便后期加工运输。确定栽培地块后，冬季需做好耕翻工作，且对田块排水沟进行科学开挖，促使田块的土壤条件、排灌条件等得到改善。春季需做好机耕工作，在机耕过程中可将有机肥撒入，避免因有机肥二次发酵而影响田间出苗。

视频 3
整地开沟

75. 姜种电热催芽的关键技术是什么？

姜种催芽方法较多，目前生产上主要用的姜种催芽方法有电热催芽、冷床催芽、露地堆码催芽、大棚堆码催芽、青草催芽 5 种。

电热催芽时选择离电源较近地块，做 1.2 米宽、深 25～30 厘米的地下式苗床，长度依姜种数量而定。先在地下式苗床底部平铺一层 10 厘米厚的干稻草，盖上 10 厘米厚的细土，再将电热线平铺在细土上，在电热线上再平铺 10～15 厘米厚的细土。接着在苗床土面平放 4～5 层姜种，再平铺 10 厘米厚的干稻草，然后用竹片起拱盖膜，温

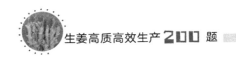

度控制在 20～25 ℃。该方法的特点是：催芽快，一般 15～20 天即可播种。对于需要抢早上市的姜农，采用这种催芽方法非常合适。

76. 姜种冷床催芽的关键技术是什么？

冷床催芽是一种借助塑料拱棚增温保温作用的催芽方法。这种方法操作简单，而且催出短壮芽的比例高、质量好。冷床催芽的苗床应低于走道 20 厘米，便于苗床保温增温。苗床仔细整平后，饱灌 1 次清粪水，待粪水被床土充分吸收后再行放种。放种后用过筛的细土掩埋 10 厘米厚，再用漏瓢浇水。浇水后在苗床地表面覆盖 1 层地膜，再在其上搭建小拱棚或塑料大棚，保温促苗。

77. 姜种露地堆码催芽的关键技术是什么？

选择向阳的平整地块，先在地面上平铺一层 10 厘米厚的干稻草，然后在上面平放 4～5 层已晾晒 1～2 天的姜种，姜种上面再平铺一层干稻草。按上述方法再放种姜、再铺稻草，直到堆码高度达到 1 米左右。最后用地膜将整个姜堆盖严，地膜四周用细土压严压实。

78. 姜种大棚堆码催芽的关键技术是什么？

利用密闭大棚的增温作用，将姜种装入塑料网袋，堆码高度为 1 米左右，然后用草帘和毛毡覆盖保温。一般 30～40 天即可催出短壮芽。在相同的时段内，与露地催芽相比，大棚堆码催芽的效果明显，催芽的时间可缩短 5 天以上。

79. 姜种青草催芽的关键技术是什么？

选择背风、向阳的地方挖 50 厘米深、100 厘米宽、长度不限的长方形坑道，坑道内铺稻草 5～6 厘米厚，青草 20 厘米厚以上，然后将姜种放在上面，再在姜种上铺厚 20 厘米的青草，四周也要用较厚的青草压紧，并在上搭塑料拱棚保温。青草发酵后堆内温度逐步升高，棚内温度升至 35 ℃应及时揭膜通风降温，如果揭开薄膜后温度仍然保持在 30 ℃以上，可用喷雾器喷水降温，使棚内温度保持在

20～30 ℃，经 20～30 天即可形成短壮芽。

80. 姜种催芽对温度的要求是什么?

催芽要求的适宜温度在 22～25 ℃，在此温度范围内，有利于培育出钝圆肥壮、色泽鲜亮的短壮芽。催芽温度不宜过高，姜种催芽时温度若长时间高于 28 ℃，则催出来的幼芽瘦弱细长，对后期产量会产生一定不利影响；若催芽的温度低于 20 ℃，则催芽的时间延长，大田播种的时间将被推迟。催芽床内要安放两只以上的温度计，随时注意观察温度的变化动态，并根据情况及时采取保温或降温措施，确保催芽质量。生姜催芽期间对湿度没有太大的需求，因为生姜本身就含有比较多的水分，只要在温度适宜的环境下，它就可长出芽点。

视频 4
选种催芽

81. 姜种壮芽培育的技术关键是什么?

培育壮芽是生姜获得丰产的基础（彩图 7 - 2）。从外部形态上看，壮芽芽身粗壮钝圆，弱芽芽身细长，芽顶尖细。姜种芽的强弱与姜种的营养状况、种芽着生的位置及催芽的温度和湿度等因素的合适与否有关。俗话说"母壮子肥"，凡是姜种健壮鲜亮者，新长的种芽多数肥壮；而姜种干瘪瘦弱者，新长的种芽多数瘦弱。壮芽的培育是生姜生产过程中一个重要的环节，大致可分为晒姜、困姜、催芽三个步骤。首先通过晒种把干瘪皱缩、色泽灰暗、病症明显者及时淘汰，挑选出优质的姜种，其次选择合适的催芽温度（22～25 ℃），培养出健壮粗大的姜芽。

82. 生姜播种时期如何确定?

为保障生姜丰产，应适时播种，播种不宜过早或过晚。播种过早，地温低，热量不足，播种后迟迟不能出苗，容易造成烂种或死苗；播种过晚，则出苗迟，缩短了生姜植株的田间生长期，引起减产。根据姜种发芽所需要的温度，在 10 厘米土层地温稳定在 16 ℃以上时开始播种，生长期间 15 ℃以上的有效积温达 1 200～1 300 ℃，确保有 130～160 天的生长期，以利丰产增收。长江中上游生姜产区一般在清明谷雨前后播种，台湾、海南、广东、广西南宁等地在春季1—4月均可播种。设施栽培播种期可提前1个月左右，延长生长时期，可提早上市。

83. 生姜播种方法及注意事项是什么？

（1）播种方法。 在准备好的定植姜沟内进行播种，其播种方法有3种。一是种芽与姜种呈90°角，种芽朝上，姜种平放于定植沟中间，按 20～25 厘米株距摆放姜种，然后覆盖生物有机肥或5厘米厚的细土，浇透水并覆盖农膜，以便保温保湿。二是姜种竖着摆放于定植沟的一侧，株距 20～25 厘米，然后覆盖细土、浇透水盖农膜。三是种芽朝下摆放姜种，这种方法前期幼苗出土较慢，后期生长也很好，采收姜块版型紧凑美观。

（2）播种形式。 有长沟播种、短沟播种、窝子播种、洞子播种4种播种形式。北方地区及田块较大的地区一般采取长沟播种，行距和株距分别为 65～70 厘米、20～25 厘米；南方丘陵山区田块较小的地区一般采取短沟播种或窝子播种，行距 50 厘米，株距 20 厘米；重庆、四川等地菜姜栽培主产区多数采取洞子播种（彩图 7-3）。

视频5
播种出苗

（3）播种注意事项。 一是再次挑选优质姜种，严防劣质姜种下田。二是摆放姜种后要及时浇一次透水，保障幼苗顺利生长出土。三是盖膜保温保湿时要选优质农膜，在播种20天后要注意观察田间幼苗出土情况，在幼苗生长高至接触农膜前要及时挖孔或揭膜。

84. 生姜土壤梯度排水的关键技术是什么？

生姜属肉质根系，南方地区春夏之际经常持续阴雨天气，可达数日至十多日，容易引起姜田土壤积水，进而导致生姜烂种、沤根、死苗，甚至大面积死苗。因此，长江大学生姜产业技术团队发明了生姜种植土壤三级梯度排水技术，有效地保障了生姜健壮生长。

土壤梯度排水关键技术：在拟种植生姜土壤的四周以挖掘机开挖

深 80 厘米、宽 80 厘米的排水大沟；以拖拉机深翻土壤 40～50 厘米，旋耕土壤呈细粉颗粒状，每间隔 7 米挖一条深 60 厘米、宽 40 厘米的纵向厢沟，种植畦面呈手背状；在种植畦面以专用开沟机每 70 厘米挖一条深 30 厘米、宽 25 厘米的播种定植沟；这样生姜种植土壤就形成 30 厘米、60 厘米、80 厘米的三级梯度浇水排水系统。这项发明技术特别适宜南方高温高湿生姜产区的姜田标准化改良。

85. 生姜分畦种植、隔离防病的关键技术是什么？

土传毁灭性姜瘟病在暴雨频发的夏季常导致田间病害暴发，流行成灾，给姜农造成重大损失。针对这个问题，笔者发明了生姜分畦种植、隔离防病关键技术体系。生姜种植田块标准化整治同梯度排水技术要求相似，姜田种植畦面每 7 米挖纵向厢沟，每 30 米挖一条深 60 厘米、宽 40 厘米的横向排水沟。生姜种植田块呈网格状排水沟，通过网状的排水沟，物理阻隔土传病原菌随雨水、灌溉水流动而传播感染，成功破解姜瘟病成灾难防的绿色生产难题。

86. 生姜出苗不齐，植株矮小的原因有哪些？

（1）**姜种选择不当。**应该选择品质高、抗性强，无病虫害的粗壮姜种。

（2）**姜种处理工作不到位。**应该对姜种进行晒种、消毒、催芽工作，使其长出 1～2 个健壮的姜芽后再进行播种。

（3）**栽植不当。**因生姜的根茎有向上生长的习性，因此生姜除了深栽以外，更要注意培土，种姜栽植过程中需要平放或者向下斜播入土，培土结合施肥和中耕除草进行，生姜出苗后即须浅耕锄草，以后根据生长情况中耕培土 3～4 次。

（4）**水肥管理不当。**生姜耐肥，一般苗高 13～16 厘米时开始追肥，以后每隔 20 天左右追施 1 次，前后共追施 3～4 次。生姜喜湿润又怕涝，故灌溉和排水同等重要。

87. 生姜施基肥有哪些要求？

要种好生姜，土壤肥力是基础。改良土壤性状，增加土壤有机质和养分含量，提高土壤肥力，对提高生姜品质和产量非常重要。长江中上游生姜产区的酸性红黄壤很缺磷素，种植前应施加绿肥或多施农家肥进行改土，并适当施用磷肥。在播种前施用的肥料称基肥也叫底肥，供给生姜植株整个生长期所需要的基础养分，为其生长发育创造良好的土壤条件，也有改良土壤、培肥地力的作用。生姜种植宜选择土质肥沃，排灌条件好的园地，全地每亩撒施1 000千克生物菌肥、100千克饼肥、100千克三元复合肥、硫酸钾5千克、锌肥2千克、硼砂1千克，然后进行机械深耕细作1～2次，耕作土层深度达40～50厘米。

88. 北方生姜产区追肥的特点有哪些？

生姜生长期较长，需肥量大，仅靠基肥无法满足生姜生长期内营养需求，因此，不同生长期按生姜需肥特性进行分次追肥，对生姜产量和品质有重要影响。

北方生姜产区降水较少，除施足基肥外，一般进行3次追肥。第一次追肥，主要是促进幼苗生长健壮，以追施氮肥为主，在苗高约30厘米、生长出1～2个分枝时每亩施用硫酸铵或磷酸铵20千克。若播期较早，苗期较长，可随浇水按以上施肥数量进行2～3次施肥。第二次追肥，主要是促进根系和根茎膨大，以追施豆饼肥或农家肥等有机肥与速效复合肥为主，在立秋前后产品器官形成时，结合姜田除草每亩施用70～80千克细碎饼肥或腐熟鸡粪3 000～4 000千克与复合肥50～100千克的混合肥。第三次追肥，主要是促进植株长势和根茎膨大，以追施钾肥和酌情施用氮肥为主，在姜苗长出6～8个分枝时，每亩施用硫酸钾型复合肥25～30千克。

89. 南方生姜产区追肥的特点有哪些？

南方生姜产区由于春夏季多雨高湿，生姜旺盛生长期正逢夏季高温时节，追肥用量以及操作不当常造成根茎表面"麻子"斑点，影响产品销售外观，因此提倡全土一次性施足肥料，追施稀薄肥或不追肥。这种追肥方法在重庆、四川等长江上游生姜产区比较普遍，仔姜产量品质均有保障。

90. 有机肥料的种类以及肥效的特点有哪些？

有机肥料亦称农家肥料，指以动物的排泄物或动植物残体等富含有机质的副产品资源为主要原料，经发酵腐熟而成的肥料。包括人粪尿、厩肥、堆肥、绿肥、沤肥、饼肥、沼气肥等。

（1）人粪尿。 人体排泄的尿和粪的混合物，含70%～80%水分，20%的有机质，少量粪臭质、粪胆质和色素等。

（2）厩肥。 畜粪尿和垫圈材料、饲料残茬混合堆积并经微生物发酵作用而成的肥料。富含有机质和各种营养元素。各种畜粪尿中以羊粪的氮、磷、钾含量高，猪、马粪次之，牛粪最低。

（3）堆肥。 作物茎秆、绿肥、杂草等植物性物质与泥土、人粪尿、垃圾等混合堆置，经好气微生物分解而成的肥料。多作基肥，施用量大，可提供营养元素，改良土壤性状，尤其对改良沙土、黏土和盐渍土有较好效果。

（4）沤肥。 作物茎秆、绿肥、杂草等植物性物质与河泥、塘泥及人粪尿同置于积水坑中，经微生物厌氧呼吸发酵而成的肥料。

（5）绿肥。 用绿色植物体制成的肥料。绿肥能为土壤提供丰富的养分，一旦在土壤中腐解，能大幅增加土壤中的有机质和氮、磷、钾、钙、镁和各种微量元素。

（6）饼肥。 油料作物的种子经榨油后剩下的残渣，这些残渣可直接作肥料施用，主要包括豆饼、菜籽饼、麻籽饼、棉籽饼、花生饼、桐籽饼、茶籽饼等。一般含水10%～13%，有机质含量75%～86%，是含氮量比较多的有机肥料。

（7）沼气肥。 作物秸秆、青草和人粪尿等在沼气池中经微生物发酵，制取沼气后的残留物。富含有机质和必需的营养元素。

（8）废弃物肥料。 以废弃物和生物有机残体为主的肥料。主要有：生活垃圾，生活污水，屠宰场废弃物，海肥（沿海地区动物、植物性或矿物性物质构成的地方性肥料）。

91. 生物菌肥种类以及特点有哪些？

生物菌肥主要有根瘤菌肥料、固氮菌肥料、钾细菌肥料、磷细菌

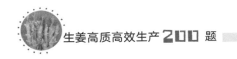

肥料、放线菌肥料、复合菌肥料等。

（1）**根瘤菌肥料。**主要含有根瘤菌，可与豆科作物共生，利用豆科植物提供的养料进行生物固氮。

（2）**固氮菌肥料。**能在常温常压下利用空气中的氮气作为氮素养料，将分子态氮还原为氨，产生固氮作用。

（3）**钾细菌肥料。**又称生物钾肥、硅酸盐菌剂，其主要成分是硅酸盐细菌。施用生物钾肥是缓解土壤钾肥不足、改善土壤大面积缺钾状况的有效措施。生产中需要注意的是钾细菌肥料本身不含有钾肥，因此应用时仍要配施钾肥。

（4）**磷细菌肥料。**能把土壤中的无效磷转化成有效磷的一种微生物制剂。

（5）**放线菌肥料。**能化解有机营养型的微生物，分解有机碳化物获得碳源和能源。集造肥、促生、抗病、抗逆、改良土壤等多功能于一身的生物菌肥。

（6）**复合菌肥料。**由解磷、解钾、固氮微生物或其他经过鉴定的两种以上互不拮抗微生物组成，通过细菌的生命活动增加作物营养供应量。

92. 复合微生物肥的肥效特点有哪些？

复合微生物肥以煤矿的剩余物风化煤和农业废弃物如秸秆、草饼、糖渣、豆粕、菌渣、酒糟和菌剂等为50%的原料，混合50%的氮磷钾化肥制成。复合微生物肥既具有化肥速效、高养分特点，又具有机肥和生物肥的平和、长效、无毒和改良土壤的特性，是一种比传统农用肥料成本低、肥效好、增产高、残留少、品质优，同时又能抑制土壤退化、改良土壤结构、功能齐全的新一代高性能肥料，已广泛应用于各类粮食作物以及果树、蔬菜、烟草、茶叶、花卉等。

93. 锌肥和硼肥对生姜有增产效果吗？

南方红黄土壤多数缺锌和缺硼，因此在生姜生长期间，除了补充大量元素之外，还应适当增施锌、硼等微量元素，可明显提高生姜茎产量。锌肥和硼肥通常可作基肥或根外追肥施用，以基肥为主；在缺锌姜田作基肥时，每亩用 1～2 千克硫酸锌，与细土或有机肥均匀混合，播种时施在播种沟内与土混匀即可；在缺硼姜田作基肥时，每亩用硼砂 0.5～1 千克，与有机肥或细土拌匀，施入播种沟中，与土均匀混合。硼肥作基肥有效期一般为 2～3 年。施用硼肥时，应严格掌握用量，以免施用过多造成毒害。据试验观测，增施锌肥与硼肥对生姜茎叶生长和根茎生长都有良好的促进作用，特别是在生长后期，对促进根茎膨大所起的作用更为明显。每亩施 2 千克硫酸锌的姜田，比不施锌肥的对照田增产 24.3%；每亩施硫酸锌 2 千克加硼砂 1 千克的姜田，比对照田增产 36.7%。

94. 生姜田间水分管控技术有哪些？

生姜种植过程中，合理的水分管理是确保其产量和品质的关键。合理充足的水分不仅能保证生姜出苗率，对生姜植株生长、姜球的分化也有重要影响。

幼苗期生姜生长较慢，植株小，根系少，吸水能力弱，对水分要求较严格。生姜幼苗期一般在春末夏初季节，此时南方常有持续下雨或春旱的特殊气候，水分管理细节特别重要。如当年遇持续下雨，则应注意观察田间积水情况，及时排除多余水分；如遇持续干旱天气，就应以勤浇水为宜，并趁土壤见干见湿时中耕浅锄，松土保墒，提高地温、促进根系生长。

生姜旺盛生长期生长速度加快，地上茎叶蒸腾面积逐渐扩大，地下根茎也开始逐渐膨大，需水量较多，因此，要保持土壤湿润。夏季在早晨或傍晚浇水较好，不可在中午浇水，保证生姜水分需求的同时，降低地温，促进生姜分枝及根茎膨大。

95. 生姜发芽期如何进行水分管控？

播种时必须浇透底水，以保证生姜顺利出苗。播种后，通常在出苗达 70% 左右时开始浇第一次水，但应根据当地的气候、土质及墒情灵活掌握浇水频次。一般在 4～5 天浇一次水，中耕保墒，可使姜苗生长健壮。如为沙质土壤，保水性能较差，遇干旱天气，土壤蒸发快，往往姜种幼苗尚未出土，土壤就已十分干燥，在这种情况下，应

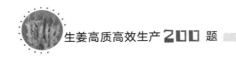

酌情勤浇水，并适时浅耕松土，以促进种苗出土；如为黏性土壤，保水性能较好，土壤墒情较适宜，则可待出苗70%左右再浇水。

96. 生姜幼苗期如何进行水分管控？

幼苗期植株较小，生长缓慢，需水不多，但幼苗期对水分要求比较严格。幼苗生长前期，以浇小水为宜，浇水后趁土壤见干见湿时，进行中期浅锄，松土保墒，以利提高地温，促进生姜根系发育。幼苗生长后期，已进入夏季，天气干热，土壤蒸发量大，消耗水分多，应适当增加浇水次数与浇水量，保持土壤相对含水量70%～80%。夏季以早晨或傍晚浇水为好，不要在中午浇水，更不可在中午施粪水肥；另外，夏季暴雨之后，应及时排水，以免姜田积水引起姜块腐烂以及姜瘟病暴发流行成灾。

97. 生姜旺盛生长期如何进行水分管控？

北方生姜产区在立秋以后，生姜植株进入旺盛生长期，生长速度加快，地上部发生大量分枝和新叶，根茎膨大也较快。为了满足该生长时期对水分的需求，根据天气情况，一般每隔3～4天浇一次大水，以保持土壤相对含水量在70%～80%，促进产品器官迅速形成。至收获前4～5天再浇一次水，使收获时的姜块带有潮湿泥土，以利入窖贮藏。

南方生姜产区在6月下旬以后，生姜植株进入旺盛生长时期，应视天气情况灵活掌握浇水次数以及浇水量。逢盛夏高温干旱或高温高湿的特殊天气情况，如果连续天晴，则应每隔两天在6:00—10:00或17:00后浇一次大水，以保障生姜植株健康生长；如果连续下雨甚至遇暴雨天，则应及时清沟排水，防止田间积水引起生姜植株沤根烂根和姜瘟暴发。

98. 生姜水肥一体化技术是什么？

水肥一体化技术指灌溉与施肥融为一体的农业新技术，可实现水分和肥料养分均匀、准确、适时地供给作物生长，协调土壤肥力要素，既可使土壤肥力得到充分发挥，又可实现作物的高产优质；同时可防止因施肥过量导致的土壤养分不均衡和土壤次生盐渍化、土壤酸化、土壤板结等土壤退化问题。生姜水肥一体化是指采取灌溉施肥的方法，将灌溉与施肥融为一体，借助压力灌溉系统，按土壤养分含量和生姜植株生长阶段的需肥规律和特点，将可溶性固体或液体肥料配兑成的肥液与灌溉水一起，通过可控管道滴灌系统均匀、定时、定量地输送到植株根部土壤，浸润植株根系发育生长区域，适时适量地满足生姜植株对水分和养分的需求。

99. 生姜水肥一体化技术应用步骤有哪些？

（1）**作畦**。按每 7 米挖畦间沟进行整地作畦，畦面开 7 条定植播种沟，以便生姜作物生长与田间机械培土操作。

（2）**铺设滴灌管**。在栽培畦间铺设 7 条滴灌管（带），将滴灌管（带）放在地上或覆于膜下。

（3）**配制肥料营养液**。在配制肥料营养液时，必须考虑不同肥料混合后产物的溶解度，肥料混合物若形成沉淀会使混合物的溶解度降低。可采用两个以上的贮肥罐将混合后相互作用会产生沉淀的肥料分别贮存；另外，尽量用溶解性好的肥料，如尿素、硝酸钾、硝酸铵、硝酸钙等。

（4）**滴灌**。施肥前，先要滴灌 10～15 分钟的清水润土；肥液滴灌完后不能立即关闭滴灌系统，至少再滴 10～15 分钟的清水，否则会在滴头处长出藻类、青苔、微生物等，造成滴头堵塞。灌溉结束时，打开主管道阀门，冲洗 1 分钟后再将阀门关好。

（5）**清洗过滤器**。使用一段时间后，过滤器要打开清洗，确保畅通。

100. 生姜水肥一体化技术注意事项有哪些？

（1）要控制好系统工作压力，使其控制在规定的标准范围内。

（2）过滤器是保证系统正常工作的关键部件，要经常清洗；若发现滤网破损，要及时更换。

（3）灌水器易损坏，应细心管理，不用时要轻轻卷起，切忌踩压或在地上拖动。

（4）加强管理，防止杂物进入灌水器或供水管内；若发现有杂物进入，应及时打开堵塞头冲洗干净。

（5）冬季棚室内温度过低时，要采取相应措施，防止冻裂塑料件、供水管及灌水器等。

（6）滴灌时，要缓缓开启阀门，逐渐增加流量，以排净空气，减小对灌水器的冲击压力，延长其使用寿命。

101. 生姜水肥一体化技术对肥料的要求有哪些？

为了合理运用滴灌施肥技术，必须掌握肥料的化学、物理性质。有些肥料可改变水的pH，如硝酸铵、硫酸铵、磷酸一铵、磷酸二氢钾等会降低滴灌水的pH，而磷酸氢二钾则会升高滴灌水的pH。当水源中同时含有碳酸根和钙镁离子时可能使滴灌水的pH升高进而引起碳酸钙、碳酸镁的沉淀，从而使滴头堵塞。在滴灌水肥一体化技术中，化肥应符合下列基本要求：高度可溶性；溶液的酸碱度为中性至微酸性；没有钙、镁、碳酸氢盐或其他可能形成不可溶盐的离子；含杂质少，不会对过滤系统造成很大负担。

102. 生姜水肥一体化的常用肥料种类有哪些？

生姜滴灌施肥系统中底肥施用与传统施肥相同，可包括多种有机肥和多种化肥；但滴灌追肥的肥料种类必须是可溶性肥料，符合国家标准或行业标准的尿素、碳酸氢铵、氯化铵、硫酸铵、硫酸钾、氯化钾等肥料，纯度较高，杂质较少，溶于水后不会产生沉淀，才可用作追肥。补充磷素，一般采用磷酸二氢钾等可溶性肥料作追肥；补充微量元素肥料，一般不能与磷素追肥同时进行，以免形成不溶性磷酸盐沉淀，堵塞滴头或喷头。

103. 生姜水肥一体化设备如何防腐蚀？

水肥一体化的肥料要通过灌溉设备来使用，而有些肥料与灌溉设备接触时，易腐蚀灌溉设备。如用铁制的施肥罐时，磷酸会溶解金属铁，铁离子与磷酸根生成磷酸铁沉淀物。一般情况下，应用不锈钢或非金属材料的施肥罐，应根据灌溉设备材质选择腐蚀性较小的肥料。

镀锌铁设备不宜选硫酸铵、硝酸铵、磷酸及硝酸钙等肥料；青铜或黄铜设备不宜选磷酸二铵、硫酸铵、硝酸铵等肥料；不锈钢或铝质设备适宜大部分肥料。

104. 生姜水肥一体化如何选择微量元素及含氯肥料？

微量元素肥料一般通过基肥施用或者叶面喷施，如果借助水肥一体化技术施用，应选用螯合态微肥。螯合态微肥与大量元素肥料混合不会产生沉淀。氯化钾具有溶解速度快、养分含量高、价格低的优点，是用于水肥一体化灌溉最好的钾肥，但某些对氯敏感作物和盐渍化土壤要控制使用。

105. 生姜露地栽培关键技术有哪些？

生姜露地栽培关键技术主要有以下要点。

（1）选姜种。 生姜地方农家品种较多，应结合当地土壤气候条件选择品种，尽可能选择选育鉴定的优良品种，如渝姜1号，渝姜2号、长姜1号、山农大姜1号等。

（2）培育壮芽。 以健壮姜种在25℃左右进行催芽，并保持湿润，20～30天即可培育出壮芽。

（3）改土施肥。 选择地势较高、土层深厚、有机质丰富、能排能灌的微酸性肥沃土壤，姜田四周开大沟，沟深80厘米、宽50厘米。每亩撒施有机肥1 000千克、饼肥100千克、复合肥150千克，深翻土壤40～50厘米，每7米挖60厘米深的畦间沟。

（4）适时播种。 长江中上游地区在谷雨前后进行播种，行距约70厘米，株距20厘米，播种后及时浇水盖土。

（5）及时盖膜。 播种浇水盖土后及时覆盖农膜，保温保湿，为姜苗生长出土创造良好条件。在姜苗出土长至接触农膜时要及时对农膜挖孔，避免灼伤幼苗。

（6）中耕培土。 当姜苗长至2～3个分枝时进行第一次中耕培土，长至4～5个分枝时进行第二次中耕培土，长至6～7个分枝时进行第三次培土。

（7）搭建阴网。 南方地区在7—8月要搭建遮光网保护生姜生长，避免盛夏强光灼伤生姜植株叶片。

（8）**病虫防治**。生姜田间生长期间的6—9月要根据病虫监测预警情况适时防治姜瘟、姜螟等病虫害。

（9）**适时采收**。如果收获嫩姜（仔姜），则在7月下旬开始陆续采收；如果收获调味姜，则在10月中下旬霜降来临前开始采收。

视频6
培土遮阳

106. 生姜设施栽培类型有哪些？

由于霜冻很大程度上限制了生姜的生长、产量以及栽培区域，因此，采取设施栽培可以提高生姜生长期内的有效积温，延长生姜的生长时期，显著提高生姜的产量，还可提早或延迟上市一个月左右，对于平衡市场供给、提高种植效益有较大的促进作用。目前生产上适宜的设施栽培类型有地膜、小拱棚、标准大棚、连栋温室等，生姜设施栽培技术与露地栽培基本一致，也要注意其田间管理的特殊性。

107. 生姜产量构成因素有哪些？

生姜产量构成因素由合理的种植密度、单株产量组成。合理的种植密度是生姜获得丰产的关键所在，而单株产量的构成因素由根茎的长度、粗度、分枝数、平均重量组成，单株产量受品种、种姜大小、生长期时间、土壤和肥水条件、田间管理水平等因素的影响。

108. 生姜种植密度如何确定？

生姜种植群体的合理密度是实现丰产增效的基础，一般依据以下产销目标确定合理的丰产种植密度。

（1）**早市仔姜生产**。四川犍为和乐山、重庆荣昌和梁平、海南、广西等地以收获鲜食仔姜（嫩姜）为主，以竹根姜或小黄姜地方农家品种为种源，实施高密度栽培，行距40～50厘米、株距10厘米，每亩11 000～12 000株，5月上旬至7月下旬上市销售。

（2）**鲜食菜姜生产**。在四川、重庆、云南、贵州、湖北、湖南等地以收获鲜食菜姜为主，以小黄姜类地方农家品种为种源，实施中等密度栽培，以洞子或埂子栽培生姜，洞子姜株行距均为35厘米，每亩 5 500~6 000 株,8 月中旬至 10 月上旬上市销售。

(3) 加工老姜生产。在山东、河北、辽宁、河南、江西、陕西等地以收获调味加工老姜为主,以山东大姜、大黄姜等品种为种源,实施合理密度栽培,行距 65~70 厘米、株距 25 厘米,每亩 4 500~5 500 株,霜降前采收上市销售或贮藏于冷库、地窖。

109. 生姜大棚栽培的光照特点是什么?如何进行调节?

生姜进行塑料大棚设施栽培时,塑料大棚内的光照情况受季节变化,天气状况,覆膜方式(棚的结构、方位、规模大小等),薄膜种类及使用情况等因素的影响。大棚内的垂直光照差异明显,上层光照较强,向下依次降低,近地面处最弱。因此塑料大棚种植生姜,在撤膜前无须为生姜遮阴;至 6 月下旬,进入盛夏时节气温高,可撤下棚膜,保留遮阳网进行遮阴;至 9 月上旬除去遮阳网,增加光照,促进生姜生长。

110. 生姜大棚栽培的环境湿度特点是什么?如何进行调节?

生姜大棚栽培时,大棚内环境相对湿度也有明显的变化规律:棚温升高,相对湿度降低;棚温降低,相对湿度升高。在一天内,相对湿度的最低值一般出现在 13:00—14:00,最高值出现在凌晨。白天棚内环境湿度变化剧烈,夜间较平稳。由于薄膜不透气,当大棚密闭不通风时,棚内环境相对湿度在 80% 以上,夜间外界气温低,棚内环境相对湿度甚至达到 100% 而呈饱和状态。

棚内空气湿度和土壤湿度有相互作用。若棚内空气湿度高,叶面的蒸腾和地面蒸发受到限制,土壤蒸发量小,土壤湿度也高。大棚通风量加大时,空气湿度降低,使土壤的蒸发量加大,土壤水分损失较多,土壤湿度会明显下降。因此,大棚内的环境湿度主要靠通风来进行调节和控制,浇水也是调节土壤湿度和空气湿度的有效方法。

111. 生姜大棚栽培的温度变化特点是什么?如何进行调节?

塑料大棚的温度随外界气温变化而改变,其变化规律为:长江中上游地区春季随着气温的回升,大棚内气温也逐渐升高,到 2 月中旬至3月下旬棚内平均气温可以达到20 ℃左右，夜间最低气温10 ℃左右。若大棚内加盖地膜，可在此期播种生姜，进行生姜促成栽培，提早生产上市。3月下旬到4月中旬，棚内平均温度在25 ℃以上，可在不盖地膜的条件下播种生姜。4月下旬以后，棚内温度白天高达37 ℃以上，如不及时通风，极易产生高温危害。

5月以后，外界气温很高，要昼夜全面通风。一般生姜大棚可在此期开启两端和两侧全面通风，保障生姜正常生长所需的温度。6月下旬撤膜换上遮阳网直至9月上旬，进行露地生产。在10月中旬扣膜，可进行延迟生产上市，扣膜后温度白天控制在25~30 ℃，夜间15~18 ℃，可延迟生姜的收获期，一般在11月下旬12月上旬采收。

112. 生姜栽培遮阴有何作用？

（1）遮阴可适当减弱光照强度，避免强光直射，为姜苗生长创造适宜的光照条件。生姜植株生长阶段正值夏季高温季节，烈日炎炎，特别是在中午前后，自然光很强，对生姜进行一定程度的遮阴（50%~60%），能降低强光对姜苗的抑制作用，改善姜田光照条件。

（2）遮阴可改善姜田小气候，为生姜生长创造适宜的环境条件。据观测，7月上旬至8月下旬，遮阴可明显降低田间温度，在晴朗天气遮阴姜田气温比不遮阴姜田低3~4 ℃，阴天降低1~2 ℃。遮阴也可明显降低0~10厘米土层地温，在晴朗天气遮阴姜田地温比不遮阴姜田低3~6 ℃，中午可降低5~6 ℃，早晨和傍晚可降低2~4.5 ℃。

（3）适当遮阴可以减轻强光对叶片的灼伤和对叶绿素的破坏，使姜苗保持较高的叶绿素含量，提高光合作用，降低蒸腾速率，对促进姜苗旺盛生长起积极作用。

（4）适当遮阴可促进生姜植株健壮生长，提高根茎产量。根据有关研究，遮阴可使主茎增高、分枝数和叶片数增多、叶面积扩大、全株鲜重和根茎鲜重增加。

（5）适当遮阴可提高生姜产量，夏季高温强光使生姜植株表现严重的生长障碍而造成减产，遮阳网覆盖栽培能有效改善高温强光对其生长的影响，从而提高生姜的产量，增产25%~53%。

113. 生姜栽培中遮阴方式有哪些？

北方生姜产区传统遮阴方式为"插姜草"，或称"插影草"，即用谷草插成稀疏的花篱为姜苗遮阴。现在多用打孔塑料薄膜或遮阳网给姜苗遮阴，在立秋前后撤除遮阴设施。

南方生姜产区多搭棚遮阴，俗称"搭姜棚"。此外，不少生姜产区采用生姜与搭架丝瓜、苦瓜、菜豆等间作套种或生姜与果树、苗木间套作的栽培模式，充分利用立体空间为生姜植株遮阴降温，还可提高复种指数，增加经济收益。通常在白露前后撤除遮阴网，故在南方有"端午遮顶，重阳见天"的谚语。

114. 生姜轮作换茬有何优势？

生姜轮作换茬是解决连作障碍的关键栽培技术，实行轮作换茬可有效防止土壤带菌，降低姜田发病概率。生姜和其他作物轮作，能改善土壤理化性状，降低土传病菌基数，有效减轻生姜腐烂病（姜瘟病）的发生，提高生姜产量和品质。其他作物吸收土壤中养分的种类和数量与生姜有区别，因此，实行轮作后土壤中生姜所需要的养分不会大量减少，有利于养分均衡供应。生姜种植最好选择新茬地，前茬作物以葱、蒜和豆科作物为最好，其次是花生、萝卜。凡是种过茄子、辣椒等茄科作物并发生过青枯病的地块，以及种植生姜发过病的地块，均不宜种植生姜。

115. 生姜水旱轮作换茬栽培可行吗？

水旱轮作是生姜田间土壤轮作的最佳方式，种植生姜的田块在生姜收获后种植水稻是可行的，因为长期土壤淹水能杀灭土壤中的好气性有害病原菌和地下害虫，或使土壤中有害生物数量极大减少，可较好地防治生姜病虫的严重危害。水稻与生姜水旱轮作主要有两种模式。

（1）早生姜-晚水稻种植模式。姜种在春节后即可播种浇水、覆盖农膜加小拱棚进行促成栽培，5月中下旬至6月中旬采收嫩姜，提早上市销售，价格高、效益好。生姜收获后，对田间灌水，7月上中旬插入水稻秧苗。这种早生姜-晚水稻的水旱轮作种植模式，完全避开了夏季姜瘟病的发生流行时期，生产安全有保障，且经济效益高，减少了农药化肥用量，可实现生姜连作，克服连作障碍。

（2）初年水稻翌年生姜种植模式。选择沙壤水田，第一年种植水稻，水稻收获后种植一季短期蔬菜，第二年再种植生姜。

稻田种植生姜换茬轮作方式在四川开江、重庆梁平等地比较普遍，可连年种植生姜水稻。

116. 如何进行生姜与豆科蔬菜间作套作？

生姜可与豆科蔬菜进行间作套作。以菜豆为例，用竹竿搭成"人"字架牵引菜豆藤蔓，为生姜起遮阴的作用。为方便机械开沟培土，生姜行距设为70厘米，每三行生姜为一个复合种植菜豆带，即50厘米种植一行菜豆，2.1米种植三行生姜。这个方案的菜豆为生姜遮挡夏季强光，避免了太阳强光对生姜叶片的灼伤，又因生姜植株的挥发性物质可减轻菜豆蚜虫和害螨危害，减少防治害虫的用药次数，有利于保护农田生态环境。

117. 如何进行生姜与丝瓜间作套作？

与生姜套作的瓜类蔬菜主要有黄瓜、苦瓜、丝瓜等。以丝瓜为例，通过搭架丝瓜与露地生姜的立体套作共生，满足生姜喜半阴不耐强光、喜湿润的环境要求；促进了生姜根系吸收土壤养分与健康生长，减轻了丝瓜蚜虫危害；提高了丝瓜搭架栽培土地的利用率，实现了同一地块同时提高生姜、丝瓜的产量和增加经济收益的目标（彩图7-4）。丝瓜为喜光作物，采用棚架式栽培，生姜与丝瓜间作套作方案如下。

（1）丝瓜支撑架设计。依据单作丝瓜产量设计搭架，丝瓜支撑架荷载水泥钢筋方型柱的规格为6厘米×8厘米，柱长2.5米。丝瓜支撑架设计图为每6米安装一排上述规格水泥柱子，柱间距4米，柱子离地面高2米；用钢丝及铁钉紧固，以钢丝在立柱上拉长1米、宽0.7米的网状结构，用来支撑丝瓜上架承载负荷量。

（2）土壤改良耕作。丝瓜架下土壤改良耕作操作为：3月中下旬撒施生物有机肥 2 000 千克/亩，氮磷钾三元复合肥 100 千克/亩，深翻细耕土壤，深度达到 40 厘米。

（3）丝瓜-生姜共生栽培。①丝瓜架下生姜播种。4 月上中旬在准备好的丝瓜架下土壤开挖种植沟，沟深 25 厘米，沟间距 60 厘米；当气温稳定在 16 ℃以上时把催好芽的姜种按株距 25 厘米、行距 50 厘米进行播种定植。②丝瓜育苗定植。选优良品种在大棚温室以 8 厘米×10 厘米规格的塑料杯育苗，苗高 10 厘米时定植，按株距 1 米、行距 6 米定植于支撑架下水泥钢筋方型柱间。

（4）田间栽培管理。在生姜生长期间还需进行 3 次追肥：第一次在 5 月下旬生姜苗高 20～30 厘米时进行，施追肥培土；第二次在 6 月中下旬进行施肥培土，施肥量比第一次增加 30%～40%；第三次在 7 月中下旬前进行施肥培土，亩施 25～30 千克。丝瓜在 5 月下旬至 8 月中旬需按常规种植技术每月结合中耕除草浇水追肥 2～3 次，每次追施氮磷钾复合肥，每株 50 克。

（5）产品采收销售。丝瓜雌花开放后 10 天，嫩果长到 350～400 克时，即可采收，4 月上中旬至丝瓜拔蔓前应及时陆续分批采收嫩果上市，直至 9 月上旬。10 月下旬至 11 月上旬，当生姜植株大部分茎叶开始枯黄，地下姜块已充分老熟时采收上市。

118. 如何进行生姜与辣椒间作？

（1）精细整地。施足基肥，选择排水良好的沙质壤土翻耕整地，翻耕前每亩施足氮磷钾复合肥 150 千克、饼肥 100 千克、生物有机肥 1 000 千克，做成厢宽 2.1 米的土厢，开好厢沟和围沟，沟深 50 厘米、宽 30 厘米。

（2）选择品种。辣椒宜用抗寒早熟品种，于 4 月下旬移栽田间；姜种选择无病虫、无冻害的姜种，于立夏前一周选晴天栽植。

（3）合理密植。辣椒株行距分别为 30 厘米、60 厘米，每亩栽 3 000 株；生姜套种于辣椒行间，株距 25 厘米，每亩以 4 500～5 000 株为宜。

（4）田间管理。前期管理以辣椒为主，生姜保苗，辣椒进入收获期需要大肥大水，此时正是生姜的幼苗生长期，土壤一定要保持湿润。由于辣椒与生姜共生时期比较长（立夏至立秋），田间湿度大，应特别注意辣椒病害防治。至8月上中旬进入辣椒结束收获的扯秆季节，生姜也随之进入姜块膨大期，需大肥大水。同时，还应搭遮阳网保护生姜植株免受强光灼伤，以便实现生姜丰产。

119. 如何进行生姜与玉米间作套作？

玉米植株高大，与玉米相比，生姜植株相对较矮，玉米植株可为生姜创造较阴凉的生长适宜条件。与此同时，玉米和生姜的播种时间均在当年，也便于土地的安排和整理。生姜套作玉米方式方法有多种，一种是玉米独立成行栽培的遮阴方式，土地整理改良后按照玉米行距与生姜行距相等的方式播种，玉米株距40厘米，1行玉米套作2～3行生姜，生姜行距60厘米；另一种方式是在播种生姜的同时在姜种沟内每间隔1米播种1株玉米，玉米收获后保留玉米秸秆一段时间至10月上旬，让玉米秸秆继续起遮阴降温的作用（彩图7-5）。

120. 林果树下间作生姜的优势及注意事项有哪些？

幼龄林木和果树的株行距较大，有较大的空间可以利用。在林下栽培生姜，对林木和生姜都是有利的（彩图7-6）。果树或林木可以为生姜遮阴，同时生姜的肥水管理也使幼树受益。多年的实践经验表明，果园间作生姜这一栽培技术，不但不会对果树的生长产生不利影响，反而能充分利用土地资源。这是因为果树是深根性作物，而生姜为浅根性作物，在果树树盘以外种植生姜，二者对于水肥的吸收没有任何的冲突和矛盾。不仅如此，在种植生姜的时候施入大量的水和肥，能够极大地提高土壤肥力，这不仅能够使生姜的生长更加旺盛，更能对果树的生长起到很大的促进作用。由于生姜喜阴凉、不耐强光，因而在露地栽培的时候，必须要进行遮阴处理，但如果在果树下间作，果树具有天然的遮阴功能，这样就可以省掉为生姜遮阴这一环节，既省时又省力。

林下种植生姜要注意以下几点：一是林间土层要深厚疏松，便于生姜地下根茎的生长和采挖；二是林下生姜种植地附近要有水源，保持土壤处于湿润状态，便于生姜生长期间及时补充水分，满足生姜生长对水分的需求；三是要与树体保持一定的距离，生姜耐阴喜光，如果离树体太近，过于荫蔽则会严重影响生姜的生长，进而影响产量和质量。

121. 如何进行生姜与葡萄间作套作？

选择 2～3 年生棚架葡萄，棚架葡萄树下立体间作套作生姜，可充分利用田间空间立体结构（彩图 7-7）。葡萄在距地面高约 2 米处生长，生姜在地表面生长，可防除杂草。葡萄-生姜套作模式下，光合效率提高，土地利用率和复种指数增大，同一块土地上既生产收获了葡萄果实，又能收获生姜产品。

具体操作管理如下：在离葡萄树干 2 米处撒施生物有机肥1 000 千克/亩改良土壤；初春挖定植沟，离棚架边缘 50 厘米放线，机器开沟，沟深 25 厘米，沟（行）间距 60 厘米；4 月中下旬播种姜种，8 米宽的葡萄棚架的两侧各定植播种两行姜种，其田间栽培管理与生姜单一种植相同。

122. 如何进行生姜与枣树间作套作？

枣树具有适应能力强、抗旱、抗寒、抗风沙、耐瘠薄、旱涝保收的特点，被老百姓喻为"铁杆庄稼"，生态效益和经济效益十分明显。近年来经过实践探索总结出了一套枣树-生姜立体复合栽培模式（彩图 7-8），该模式充分利用了枣树在幼树生长阶段占地面积小、空间大的优势，套种生姜，可以抑制杂草滋生，保持土壤湿度，增加土壤有机质含量，改良土壤，不仅有利于幼树生长，充分提高土地利用率，而且技术操作方便、经济效益可观。

具体设置为：枣树行距 4 米、株距 3 米，在 2～3 年生枣树幼林果园的行间种植生姜 4 行，生姜行距 65 厘米、株距 25 厘米。此模式下的生姜田间栽培管理与单作生姜大致相同，枣树栽培管理与单作枣园相同。

123. 如何进行生姜与花椒间套作？

花椒株行距大，土地浪费严重，选择 3～4 年生青花椒园（株行距 2 米×4 米），在花椒行间间作生姜，可有效提高土地利用率和土地复种指数；另外花椒生姜间作可丰富微生物类群，提高土壤中微生物群落多样性和保持较高酶活性，从而提高土壤肥力、保持生态平衡，提高收获产品的产量和品质，有效增加单位面积经济效益（彩图 7-9）。

具体操作管理如下：初春在离花椒树干 1 米处撒施 1 000 千克/亩生物有机肥并深翻；距花椒树 50 厘米放线，机器打孔种植生姜，孔深 35 厘米，株行距 20 厘米×50 厘米；4 月中下旬播种姜种，2 米苗厢两侧开排水沟，生姜与花椒间作时的田间栽培管理与生姜单一种植相同。

124. 如何进行生姜与油茶共生套作？

油茶是我国南方重要的木本油料树种，幼龄、中龄油茶林下空隙大，通过在油茶林内套种适合生长的经济作物生姜，既可以提高林地利用率，又可以显著促进油茶及被套种植物的生长，显著提高经济效益（彩图 7-10）。

生姜喜温暖湿润环境，生长适宜温度为 25~28 ℃，油茶林下套种生姜在一定程度上能促进其生长，并且在油茶林行间种植效果较好，这可能与油茶树为其遮挡了部分阳光有一定关系。

郁闭度过大的油茶林下套种生姜，不利于其生长。因此，在油茶林下套种生姜时，最好选择幼龄油茶林或中龄油茶林。

八、生姜病虫草害

125. 生姜主要病害种类有哪些?

生姜病害主要有细菌病害、真菌病害、线虫病害、病毒性病害和生理性病害。其中细菌性病害包括姜瘟病、条斑叶枯病等,真菌性病害包括茎基腐病、炭疽病、叶枯病、星斑病等,线虫病害主要包括根结线虫病等,病毒性病害主要有黄瓜花叶病毒病和烟草花叶病毒病等,这两种病害发生较少,生理性病害主要有由高温、肥害、营养不良等引起的叶片黄化病、叶片扭曲病。

视频7
生姜病害防治

126. 姜瘟病的危害与发病症状是什么?

姜瘟病,俗称腐烂病,病原菌为假茄科雷尔氏菌(*Ralsonia pesudosolanacearum*),简称姜瘟菌,(彩图8-1),除姜以外,还可侵染茄科蔬菜、烟草、花生、芝麻、大豆等44科400多种植物。姜瘟菌主要危害植株地下根茎部,一般多在近地面的茎基部和根茎上半部先发病。病部初期呈水渍状、黄褐色,失去光泽,随后逐渐软化腐烂发臭,仅留外皮。病姜内部组织充满灰白色恶臭汁液;根部感病后呈淡黄褐色,后期全部腐烂消失;茎部被害处呈暗紫色,后变黄褐色,内部组织变褐腐烂;病株叶片呈凋萎状,叶尖及叶脉呈鲜黄色,后变黄褐色,若将病茎横切,可见到维管束呈环状褐变,用手挤压会从维管束溢出污浊白色菌脓(彩图8-2)。

127. 姜瘟病的发病规律是什么？

姜瘟病病原菌主要在留种姜块上越冬，也可以在土壤中潜伏存活两年以上，翌年春季种下带菌的姜种后，田间开始零星发病，病菌通过灌溉水、流水和地下害虫，在田间传播和扩散蔓延，然后从根茎的伤口和裂口进入组织引起发病。土壤温度小于 25 ℃时，该病的潜伏期是 6~8 天，最少 3 天。姜瘟病的发生与土壤温度关系很大，尤其与土壤 5 厘米处地温关系密切，土温在 25 ℃时发病严重，大于 30 ℃时为发病高峰期；当土温降至 23~25 ℃时病害的发展减缓，21~23 ℃时只有少数植株发病。除温度外，姜瘟病发生与湿度也有很大的关系，6、7 月以后，多雨或雨量大，生姜地田间积水，利于病菌在田间传播，大约 1 周就可能出现 1 次发病高峰期。生姜所产生的自然裂口不容易木栓化，为病菌的侵入提供了便利条件。姜瘟病的病原菌喜欢微酸性的土壤环境，草木灰或石灰等碱性物质可抑制姜瘟病的发生。此外，一切不利于根系生长的外部条件，如土壤黏重、排水不良、肥力低、生长差、连作等，均可加重病情的发生。

128. 姜瘟病的防治方法有哪些？

姜瘟病感染后一般很难治愈，其防治以综合预防为主。以农业防治、物理防治、生物防治为主，辅以安全合理的化学防治措施。

（1）农业防治。①精选姜种。选用优质、高产、抗逆性强、耐贮存的优良品种。在无病姜田留种，或者从无病区调运姜种。选择肥大饱满、皮色光亮、肉质新鲜、不干缩、不腐烂、未受冻、质地硬、无病虫害和无机械损伤的健康姜块作种。②地块选择。选择土层深厚、土质肥沃、地势较高、排灌方便、保水保肥力强的中性或微酸性沙壤土或壤土种植，且应选择中等光照条件，生态环境良好，周围 3 千米以内无"三废"污染源存在的地方进行种植。③轮作倒茬。宜与水稻、豆科和百合科作物轮作，忌与茄科作物连作或轮作。对已发病的地块，要至少间隔 4 年才可以重新种植生姜。④整地。冬前深耕土壤，深度大于 50 厘米，并均匀撒施石灰 1 500~2 250 千克/公顷，混翻 1~2 遍。采用高垄栽培，垄间距 70~75 厘米，沟深 25~30 厘米，沟宽 20～25 厘米。在姜田四周及行间修建排水沟，保持田间排水通畅，防止雨后积水并降低田间湿度。⑤肥水管理。禁止施用未腐熟的土杂肥或带病菌肥料。重施基肥，以有机肥为主，并实行配方施肥，避免偏施氮肥。合理灌溉，采用无污染水源，逐垄小水浇灌或滴灌，避免漫灌、串灌，浇水后田间无积水。根据天气情况调节灌溉次数和水量，保持地面见干见湿。夏季要早晚浇水，防止土壤与水的温差过大。姜瘟病发病初期，应减少浇水次数。⑥减少植株伤口。采用化学除草，减少中耕次数，小心培土，尽量减少对根茎的伤害。⑦田园清洁。及时清除田间杂草、残株败叶及虫卵。定期巡查病害，重点检查大雨后地面低洼处及沟边植株。发现病株应做好标记并及时拔除，并带出田外集中深埋或销毁。

（2）物理防治。①晒土杀菌。前茬收获后，及时深翻土壤；于播种前一年夏季，浇水后采用大棚加地膜覆盖土壤，曝晒 10～15 天，提高土温至 56～60 ℃，进行土壤高温杀菌消毒。②晒姜困姜。播种前 2～3 天，从贮藏窖内取出姜种，平铺在干净地面晾晒 1～2 天，傍晚收进室内堆放，覆盖草帘。③遮阳挡雨。进入高温多雨季节在姜田搭棚遮阳挡雨，在棚架上覆盖遮阳网，透光率以 50% 为宜。9 月中旬天气转凉、光照强度减弱时，撤去遮阳网。

（3）生物防治。①姜种处理。播种后覆土前，使用荧光假单胞菌剂 200 倍液喷湿姜种。②生长期处理。分别在出苗期、三杈期、小培土期、大培土期，应用荧光假单胞菌剂 75 升/公顷，稀释 200 倍后灌于姜苗根系附近，并随水冲施枯草芽孢杆菌 30 千克/公顷。

（4）化学防治。①姜窖消毒。放置生姜前，用 50% 多菌灵 600 倍液喷洒姜窖进行消毒。②土壤消毒。播种后，用 50% 氯溴异氰尿酸可溶性粉剂 1 500 倍液喷湿姜块周围的泥土，药液施用量为 450 千克/公顷。③姜种消毒。姜种用 46% 氢氧化铜水分散粒剂 800 倍液浸泡 5～10 分钟，捞出晾干后催芽。④发病期处理。发现病株及时拔除，并将病株四周 50 厘米内的健壮植株全部除去，同时挖去带菌土壤，在病穴周围撒上石灰，再用 46% 氢氧化铜水分散粒剂 300 倍液或 40% 噻唑锌悬浮剂 500 倍液处理病穴及周围植株，药液施用量为 0.5～1.0 升/穴。发病普治期用 46% 氢氧化铜水分散粒剂 1 000 倍液或 40%噻唑锌悬浮剂 800 倍液喷淋茎秆及周边土壤，药液施用量为 200～300 毫升/株，隔 6～7 天喷 1 次，连续喷 2～3 次。

129. 茎基腐病的发病症状是什么？

由于生姜产地之间的气候条件和地理环境等因素的差异，各产区生姜茎基腐病致病菌的优势小种有所不同。在中国生姜茎基腐病的致病菌主要有群结腐霉、瓜果腐霉、简囊腐霉、周雄腐霉、喙腐霉和禾生腐霉以及镰孢菌。镰孢菌也是引起生姜茎基腐病的一大重要致病真菌，造成生姜茎基腐病的镰孢菌种类很多，其中尖孢镰刀菌、腐皮镰刀菌、群结腐霉对生姜生产的危害较为严重（彩图 8-3）。

生姜茎基腐病为真菌性病害。生姜在储存期及生长期均易受到此病原菌侵染而发病，不同时期感染病原菌后的症状不尽相同。种姜在储存期发病会导致种姜烂芽，种植后不能正常出苗。生长期的茎基腐病发病初期，生姜茎基部会有褐色水渍状病斑，而后病斑慢慢扩大，叶片自下部的老叶开始从叶尖沿边缘向内褪绿变黄。发病后期，病斑围绕生姜茎基部，致使茎基部组织变褐、变软，水分养分运输被阻，地上部主茎自上而下枯死，叶片变黑枯死，最终植株倒伏、腐烂。姜田环境湿度大时在发病部位或土壤中可见白色菌丝体，这一点有别于姜瘟病，生姜茎基腐病发生严重时会导致死株，危害极大。

130. 茎基腐病发生规律和传播途径是什么？

该病的发生和蔓延受多重因素影响，目前尚未完全明确，其中主要受土壤、气候和栽培管理方式等因素的影响。高温多雨的气候条件有利于生姜茎基腐病的发生。生姜种植在田间透光或者通风情况不好、土壤黏性大的地块比较容易发病，选择排水良好、土质疏松、土层深厚、富含有机质的沙壤土可以有效提高生姜植株的抗病性。病原菌在土壤中存活时间较长，重茬、连作地块的菌源量会逐年积累，病害发生情况也比较严重。

病菌一般以菌丝体形式在病残体及病姜上越冬，以菌丝体及卵孢子形式传播，条件适合即可发病。病害的始发期一般是 5 月，土壤和病残体中的卵孢子是病害主要的初侵染源，卵孢子以休眠体的形式长时间存活，条件适宜时越冬的病菌即可萌发，直接侵染或从自然孔口或伤口等处侵染寄主形成初侵染源。在生姜的生育期内，病菌以其无性繁殖体游动孢子的形式随水流在土壤中进行传播，形成多次再侵染，6月至7月中旬是该病的盛发前期，7月中旬至8月末是盛发后期，而后是发病末期，生姜成熟之际该病也可能严重发生，收获后带病种姜仍可发病，翌年亦可发病。

131. 茎基腐病防治方法有哪些？

茎基腐病发病时间长，传播途径广，目前主要以农业防治措施为主，辅以药剂防治，切断传播途径才能有效控制病害发生。

（1）选用抗病品种。 防治植物病害最经济有效的措施就是选用抗病品种，但现在生产用的生姜品种抗病性普遍比较弱，培育优质高抗生姜品种成为生姜领域需要深入探索的瓶颈问题。

（2）选用健康种姜。 防治生姜病害发生的重要环节是选用无病虫害的健康种姜。种姜处理通常有种子保护、种子灭杀、种子消毒等措施。播种时可用40％的氟哇唑乳油浸种，也可以用50％的多菌灵浸种，晾干后使用。

（3）栽培防病。

① 田间管理。在生姜整个生长期内，要保持适当的株距，保持土壤疏松，这样可使通风流畅，防止病害发生。注意及时清除病株残体，不取用发病地区的土壤，防止病菌传播。

② 合理轮作。如果每年种植相同的作物或同一病原菌的其他宿主，土壤中的病原菌就会持续存在。在这种情况下，作物轮作有助于减少病原菌的复发。例如，生姜可与水稻、棉花和玉米及其他禾本科作物进行轮作倒茬，防灾避害。

③ 合理用肥。姜田中施用腐熟好的土杂肥、硫酸钾型免耕肥、硼肥和锌肥等有利于改善土壤环境，减少病害发生。

④ 起垄栽培。可促进通风透气和湿气循环，加强叶片的光合作用，也可促进地下茎生长，防控病害发生。有田间试验表明，起垄栽培能明显减轻病害的发生。

⑤ 地表覆物。夏季用塑料薄膜覆盖湿润土壤，利用太阳能使地

温升至 52 ℃，覆盖加热 10～20 天，有助于减少病原菌和害虫的数量，包括真菌、细菌、线虫、节肢动物等，并能防除杂草。有报道称，姜田地表覆盖苦楝树叶可控制病害的发生。

⑥ 及时铲除病株。一旦在田间发现病株，应立即拔除中心病株，并将周围 0.5 米以内的健株一并去掉，在病穴中撒入石灰，用干净的土壤掩埋。

（4）化学防治。茎基腐病的化学防治成本低、见效快。种植前一般使用三唑酮、甲霜灵、代森锰锌、福美锌、46％氢氧化铜水分散粒剂、多果定和二氧化氯等浸种消毒，其中以多果定和二氧化氯效果最佳。浸种时间不可过长，一般以不超过 30 分钟为宜，然后进行晾晒催芽。

用 99.5％氯化苦原液与威百亩水剂、棉隆颗粒剂熏蒸土壤，或用代森锰锌、甲霜灵或三乙膦酸铝等药剂喷施土壤。发病初期可用天然芸苔素、百菌清等药剂灌施发病部位，也可用 68％精甲霜·锰锌水分散粒剂 300 倍液进行灌根，每棵病株浇灌约 250 毫升，每 7～10 天进行 1 次，连续进行 3～4 次即可收到良好的效果。对于明显发病地块，首先要清除田间病株及病残体，减少病源，降低病情，后用 77％多果定可湿性粉剂 600 倍液与 70％甲基硫菌灵可湿性粉剂 1 000 倍液的混合液，或者噁霜灵和 46％氢氧化铜水分散粒剂等进行灌根，隔 7 天左右灌根 1 次，连续灌根 3～4 次。

132. 生姜土传病害绿色综合治理有哪些技术要点？

生姜土传病害绿色综合治理技术包括以下要点。

（1）注意生姜田园卫生，在生姜生长中，定期进行田间调查，发现病株及时拔除，并采用棉隆、威百亩等熏蒸剂对病株及周围进行消毒杀菌处理，将病点的病菌完全杀灭，铲除零星病点，控制病害蔓延；收获后，及时清除生姜残体或在残体上喷施益生功能菌（EM菌），使生姜残体腐烂。

（2）对生姜整个生育期的病害进行精确诊断和监测，采用甲霜灵、噁霉灵等药剂进行早期处理。

（3）采用阿维菌素和噻唑磷防治根结线虫或结合氯化苦和棉隆混合使用，提高药剂对根结线虫的防治效果。

（4）对轻病田增施有机肥，结合生物防治制剂，如枯草芽孢杆菌、寡雄腐霉、哈茨木霉等，进行处理。

（5）选用优质种姜，可以对生姜种姜（苗）采用甲霜灵、枯草芽孢杆菌、哈茨木霉、阿维菌素等药剂进行浸种处理。

（6）加强肥水管理，及时排出姜田积水，防止土传病害传播流行和蔓延成灾。

133. 条斑叶枯病的危害与发病症状是什么？

条斑叶枯病的病原菌是野油菜黄单胞杆菌姜致病变种（*Xanthomonas campestris* pv. Zingibercola）。叶片发病，病斑多从叶尖开始沿叶脉向叶柄方向发展，尤以沿叶缘扩展更为明显。病部初为淡褐色，透明，水渍状，后变为深褐色透明条斑，边缘清晰，病健处界限分明，叶片最后坏死卷曲，凋萎。茎基部和根茎发病，病部水渍状黄褐色，逐渐失去光泽，由外向里软化腐败，内部充满灰白至灰黄色黏稠溃烂组织和汁液，具明显腐败臭味，最后仅剩表皮组织。该病害对生姜叶片危害较大，严重影响生姜的产量和品质。近几年，条斑叶枯病在河北省生姜主产区呈现暴发趋势，严重地块叶片大面积枯死，产量损失达 50% 以上，其他生姜产区较少发生（彩图 8 - 4）。

134. 条斑叶枯病的发病规律是什么？

该病原菌主要在种姜病部或随病残体在土壤中越冬，带菌种姜是翌年田间的初侵染源，病菌靠灌溉水及地下害虫传播蔓延。在地上借风雨、人为等因素接触传播，病菌从叶片的伤口侵入，沿维管束向上向下蔓延。多在 6 月开始侵染叶片，进入高温多雨季发病较重。

135. 条斑叶枯病的防治方法有哪些？

①选用无病姜种。重病地块要与禾本科或豆科作物进行 3 年以上轮作。②施用充分腐熟的有机肥，减量或适量使用化肥；施用化肥时注意增施磷钾肥，避免偏施氮肥；肥料使用位置与生姜植株及根系保持一定安全距离。③使用滴灌，适量浇水，注意降低田间湿度。④秋冬要彻底清除病残体，土壤深耕深翻，田间发病后及时摘

除病叶，并集中深埋或烧毁。⑤棚内采用地膜全覆盖，通过地膜打孔放出姜苗，避免直接割破地膜放苗。⑥用11％精甲霜灵·咯菌腈·嘧菌酯喷种或播种后喷沟；间隔使用25％嘧菌酯悬浮剂、45％咪酰胺水乳剂、20％噻菌铜悬浮剂等喷施植株，可有效预防条斑叶枯病的发生。

136. 生姜炭疽病的发病症状是什么？

炭疽病病原菌为腐皮镰刀菌 [*Colletotrichum capsici* （Syd.）Bull. et Bisby]，属半知菌辣椒刺盘孢真菌（彩图 8-5）。生姜炭疽病主要危害部位为叶片，病斑多从叶尖及叶缘开始发生，部分从叶片表面局部组织发生，初为水渍状褐色小斑，后扩展成梭形、椭圆形或不定形褐色坏死斑，斑面云纹状明显或不明显，斑边缘有黄色变色部，发病部位与健康部位分界不清晰。到发病后期，数个病斑连合成斑块，叶片变褐干枯，病部叶色发红，当空气潮湿时斑面会出现黑色小粒点，即病原菌的分生孢子盘及分生孢子（彩图 8-6）。

137. 生姜炭疽病侵染规律和传播途径是什么？

病原以菌丝体和分生孢子盘在病部或随病残组织遗落在土壤中越冬。分生孢子借雨水、浇水、微喷溅射带菌土壤或小型昆虫活动传播，在田间初侵染和再侵染。病菌可侵染茄科和姜科多种作物，温暖地区病菌可在多种寄主上辗转发生，周年危害，无明显越冬期。通常田间高湿、重茬种植、偏施氮肥、种植密度大会导致发病。发病时间集中在 5—7 月。单株生姜发病方向从植株下部叶片逐步向上部叶片发展，从头芽逐渐向 2 芽及 3 芽侵染，群体生姜从发病中心沿着种植行方向及两边行扩展。

138. 生姜炭疽病防治方法有哪些？

（1）农业防治。参考姜瘟病的农业防治措施。

（2）化学防治。一般使用 45％咪酰胺微乳剂 800 倍液或 32.5％苯甲嘧菌酯悬浮剂 1 000 倍液对植株从下向上喷雾防治，要做到喷细喷严。

139. 生姜叶枯病的发病症状是什么？

生姜叶枯病病原菌为球腔菌（*Mycosphaerella zinliberi* Shirai-ethara），属真菌界子囊菌门。除主要危害叶片外，叶柄和叶鞘也受其危害，病斑为密集的黄褐色小点和小斑，逐渐扩展连片到整个叶面，病部生出黑色小粒点，即病菌子囊座。严重时全叶发黄变枯，沿发病中心迅速向周围蔓延，甚至全株变枯，该病发展较快，若防治不及时会全地受害。

140. 生姜叶枯病侵染规律和传播途径是什么？

病原以子囊座或菌丝在病叶等植株残体上越冬，在田间可通过风雨、昆虫或姜农及农事操作传播。高温、高湿有利于发病，连作重茬地块发病早，植株长势过密、通风不良、氮肥过量、植株徒长时发病重。不同于炭疽病，该病先从茎顶部叶片发生，逐步向下和周围侵染，叶鞘、叶柄及茎秆均可侵染，未发现根系受害，植株枯黄变小，严重影响生产。集中发病时间在7月中旬至9月中旬，比炭疽病晚两个月，若防治不及时有效，危害可持续到收获。

141. 生姜叶枯病化学防治方法有哪些？

由于生姜叶枯病病原属子囊菌，但传播途径及防治方法与炭疽病病原（属半知菌）基本类似，只是使用药剂要做调整。叶枯病用19％丙环唑·啶氧菌酯悬浮剂500倍液加46.1％氢氧化铜水分散粒剂1000倍液或32.5％苯甲·嘧菌酯悬浮剂800倍液加50％异菌脲可湿性粉剂1000倍液，隔5~7天喷施1次，连续喷2~3次。

142. 生姜斑点病的发病症状是什么？

生姜斑点病主要病原菌为半知菌亚门姜叶点霉菌，主要危害叶片。病斑黄白色、长圆形或梭形，斑中部变薄，易破裂穿孔，严重时，病斑密布，似星星点点，故又称白星病或星斑病。发病时植株长势减弱或停止生长，发病中心明显，病部可见针尖小点，即分生孢子器（彩图8-7）。

143. 生姜斑点病侵染规律和传播途径是什么?

主要以菌丝或分生孢子随病残体入土过冬,并作为侵染源随雨水或灌溉水传播。温暖高湿、郁闭空间及重茬连作地带均易发生斑点病。一般7月下旬至8月上旬开始发生,8月中下旬逐步蔓延,随后可致全田发病,9月为流行盛期,病害延续至10、11月左右。其间降水量大、降水集中、株间郁闭、肥料单一或连作的地块发生严重。

144. 生姜斑点病防治方法有哪些?

(1) 种植前严格挑选种姜,选择姜块肥大、丰满、皮色有光泽、肉色鲜亮、不干缩、质地硬、无病虫伤害的姜块作种姜。

(2) 实行2~3年以上轮作换茬,避免与茄科作物连作或套种。在前茬作物收获后,及时清除田园植株残体,带出田外集中处理;姜田应选在地势高燥、排水良好的地块。整地前深翻,整地时地面要平,姜沟不宜过长,以不超过30米为宜。为防止雨季田间积水,应在姜田设置排水沟。

(3) 姜田所用肥料应尽量不带病菌,因而不可用病姜株或带菌土沤制土杂肥,提倡施用酵素菌沤制的堆肥或生物有机复合肥。

(4) 宜在3—4月播种。姜种用0.5%高锰酸钾溶液浸泡30分钟催芽,或催芽前用20%噻菌铜悬浮剂300倍液浸种15~30分钟,晾干后,姜种切口蘸草木灰后下种。播种前把已催好芽的大姜块掰成小姜块,在沟内排放种姜,株距25厘米,行距65厘米,后用细土盖在姜块上,覆土厚10厘米左右。

(5) 浇水时不要大水漫灌,如有积水,应及时排水。整个生育期要多次中耕,保持土壤疏松。在中耕、培土、除草时不要伤害到植株及其根系,最好不要掏挖老姜,及时防治地下害虫,以免影响植株生长,加强管理,提高植株抗病能力,并做好田间调查,及早发现病株。

(6) 在发病初期,用70%甲基硫菌灵可湿性粉剂加75%代森锰锌可湿性粉剂(1∶1)1 000倍液,或250克/升嘧菌酯悬浮剂2 000

倍液，或 10％苯醚甲环唑水分散粒剂 1 000 倍液，或 40％多·福·溴菌腈可湿性粉剂 800～1 000 倍液，或 25％咪酰胺乳油 1 000～1 500 倍液，隔 7～10 天喷 1 次，连喷 2～3 次。上述几种药剂轮换喷施，前疏后密，喷匀喷足。采收前 20 天停止用药。

145. 生姜眼斑病的发病症状是什么？

生姜眼斑病病原菌为德斯霉菌，属半知菌亚门真菌。眼斑病主要危害植株叶片，发病初期叶片出现点状褐色病斑，后期发展为梭形病斑，形似眼睛故被命名为眼斑病。病斑灰白色，病部四周黄晕明显或不明显。湿度大时病斑上有浅褐色或灰色至黑色霉状物（彩图 8－8）。

146. 生姜眼斑病的发生规律和传播途径是什么？

病菌以分生孢子随病残体在土壤中入冬，第二年分生孢子借助风雨传播进行初侵染和再侵染。种植密度大，株、行间郁闭，通风透光不好时发病重，氮肥施用太多。姜苗徒长过嫩，抗性降低易发病。土壤黏重、偏酸；多年重茬，田间病残体多；肥力不足、耕作粗放、杂草丛生的田块，植株抗性降低，田间发病重。种子带菌、肥料未充分腐熟、有机肥带菌或肥料中混有本科作物病残体时易发病。地势低洼积水、排水不良、土壤潮湿易发病，温暖、高湿、多雨、日照不足易发病。

147. 生姜眼斑病的防治方法有哪些？

（1）农业防治。加强肥水管理，增施磷钾肥特别是钾肥，施用酵素菌沤制的堆肥或腐熟的有机肥，经常清沟排渍，降低田间湿度，提高植株抵抗力。

（2）药剂防治。可结合防治姜其他叶斑病进行。重病地或田块可喷洒 30％碱式硫酸铜悬浮剂 300 倍液、30％氯氧化铜悬浮剂 600 倍液、77％氢氧化铜可湿性粉剂 600 倍液、50％腐霉利可湿性粉剂 150 倍液、40％敌瘟磷乳油 800 倍液等防治，兑水喷雾，每 7～10 天用 1 次，连续使用 3 次。

148. 生姜常见的生理性病害有哪些？其防治技术是什么？

（1）苗期叶片畸形。

症状：苗期幼嫩的新叶在出孔处扭曲不展，下一新叶也不能抽生，几片叶形成"绞辫子"状，剥开后可以看到叶正面斑状或条状黄化（彩图8-9）。

病因及发生规律：①苗期受高温、干旱影响，浇水不及时；②施用未经腐熟的有机肥，有机肥在土壤中腐烂的过程产生有害气体，使姜幼嫩组织受到伤害，造成叶片畸形生长，施肥方式不当，也可使幼芽受害；③生姜苗期受到蓟马危害也能使叶片生长畸形。

防治方法：①合理浇水，及时通风，避免形成郁闭空间；②施用腐熟有机肥，尽量采用沟施，与土壤混合均匀，肥料不宜直接接触种姜；③及时防治蓟马等害虫；④放风时，顶部四周多开几个放风口。

（2）叶片黄化病。

症状：生姜生长进入"三股杈"时期后出现叶片黄化现象，上部叶片先变黄后变白，最后干枯；根茎不膨大，根系不发达，植株矮化、瘦弱，光合作用降低（彩图8-10）。

病因及发生规律：种植地块日晒严重，缺乏有机质，种植时施肥不合理，铁、镁、铜、锌、锰等中量、微量元素缺乏均可导致生姜叶片黄化。

防治方法：①生姜喜阴，在6—9月日晒严重、高温的地块要搭遮阳棚适当遮阴；②施肥时应多施优质土杂肥，适时补充中量、微量元素肥；③生姜出苗后，随水冲施10%氨基酸液体肥2～3千克/亩，并根据苗情进行根外追肥。

（3）有机肥害。

症状：生姜出苗后生长缓慢，叶片卷曲，大部分叶片不伸展、僵硬，部分叶片黄化，根茎不膨大（彩图8-11）。

病因及发生规律：施用未腐熟的有机肥，尤其是施用未腐熟鸡粪，其在地下发酵放出氨气和亚硝酸气体伤及生姜根部，新根不能生长，使生姜得不到水肥补充而形成"老苗"。

防治方法：①耕地前将粪肥撒施，然后深耕细耙；②有机肥充分腐熟后再施用；③观察施肥后植株生长状况，及时浇水。

149. 生姜病毒病危害与发病症状是什么？

生姜在生产上长期采用无性繁殖，容易感染多种病毒病，感染了病毒病的生姜，优良性状退化，品质下降，一般表现为局部或系统花叶、褪绿、叶子皱缩，严重时，植株矮化或叶片畸形，生长缓慢。

150. 生姜病毒病的病原是什么？

生姜为无性繁殖作物，容易感染多种病毒病。生姜病毒主要是烟草花叶病毒和黄瓜花叶病毒。烟草花叶病毒，能够体外存活 128 天，耐干燥。黄瓜花叶病毒，粒体球状，体外存活期 48 小时。

151. 生姜病毒病的发病规律是什么？

病毒病主要通过媒介昆虫和农事操作人为活动传播，如蚜虫、蓟马等传毒害虫，如叶片擦伤，共用农具等人为传播。

152. 生姜病毒病的防治方法有哪些？

对生姜病毒病的防治目前还没有特别有效的药剂，生产上主要采用种植抗病品种及脱毒姜种防治。田间作业时，尽量减少人为传播。加强检查，及时发现，在当地蚜虫迁飞高峰期杀蚜防病，可使用 10%吡虫啉可湿性粉剂 50～100 克/亩，兑水 60～90 千克均匀喷雾；或者使用 50%杀螟硫磷乳油 2 000 倍溶液均匀喷雾。同时挖除病株，以防扩大传染。

153. 生姜根结线虫病的发病症状是什么？

生姜根结线虫病主要病原为南方根结线虫和象耳豆根结线虫，属动物界线虫门。生姜根结线虫病又称"癞皮病""疥皮病"，寄生性线虫是生姜种植中的常见虫害之一，在生姜自苗期至成株期均能发病，主要危害根和根茎。根结线虫侵染初期，植株地上部分会表现出缺水、缺素等症状，若不刻意检查根部，极难辨别。发病后期植株在根部和根茎部均可产生大小不等的瘤状根结，根结一般为豆粒大小，有时连接呈串状，初为黄白色突起，以后逐渐变为褐色，呈疱疹状破裂、腐烂。植株呈现生长缓慢、叶小、叶色暗绿、茎矮、分枝小等症状（彩图8-12）。

154. 生姜根结线虫病的发生规律和传播途径是什么？

生姜根结线虫主要在土壤和病姜根茎中越冬，第二年条件适宜时孵化，幼虫通常从生姜幼嫩根尖或块茎伤口侵入，刺激寄主细胞再生，使之成为根结。发病初始时间一般在7月中下旬，盛发期在8月中旬到9月中旬，此时姜田地温在25～30℃，非常适合根结线虫的繁殖和侵染。根结线虫主要有3种传播方式，人为传播、姜种带菌传播和雨水传播。人为传播指通过使用未腐熟的有机肥、劣质的菌肥以及有机肥，共用农具，人为走动，灌溉水进行传播；姜种带菌传播主要是播种时选用了带线虫病的种姜；雨水传播指线虫本身活动范围很小，雨水增加其传播范围。

155. 生姜根结线虫病防治方法有哪些？

（1）选择健康姜种，剔除带病虫害的姜种。

（2）种植期间，加强栽培管理，及时清除病残体，并集中处理；合理施肥、灌水；尽量使用完全腐熟的有机肥。

（3）淡紫紫孢菌是根结线虫、孢囊线虫、茎线虫的内寄生性真菌，能明显抑制线虫侵染，还可以促进植物根系及植物营养器官的生长。

（4）结合整地采用下列药剂进行土壤处理：5％阿维菌素颗粒剂3～5千克/亩、8％二氯异丙醚乳油3千克/亩、98％棉隆微粒剂3～5千克/亩、10％噻唑磷颗粒剂2～5千克/亩、5％丁硫克百威颗粒剂5～7千克/亩等。生育期间发病，可用1.8％阿维菌素乳油1000倍液、48％毒死蜱乳油500倍液灌根，每株25毫升，每隔5～7天防治1次。

156. 生姜主要害虫种类有哪些？

在生姜的生产过程中，会受到多种害虫的危害，轻者造成生姜品质下降，产量减少，重者造成姜田绝收，给生姜生产带来巨大损失。生姜虫害主要分为种植过程中的地上虫害、地下虫害及贮藏虫害。

发芽期生姜根茎部分会受到小地老虎和蛴螬等地下害虫的危害，它们会咬断生姜茎秆基部，导致整株死亡，也会啃食生姜根茎，使其更容易腐烂坏死。幼苗期生姜叶片会受到甜菜夜蛾、斜纹夜蛾和姜蓟马等害虫的危害，甜菜夜蛾和斜纹夜蛾的幼虫会啃食叶片，姜蓟马会传播病毒，导致生姜幼苗新叶卷曲，无法展开；同时生姜茎秆也会受到姜螟的危害，使生姜幼苗水分传输受损，逐渐枯死。在生姜采收后，贮藏期的生姜根茎还可能受到异形眼蕈蚊（姜蛆）的危害，姜蛆以姜块顶端幼嫩部分为食，使其容易腐烂，导致品质下降。

视频8
生姜虫害防治

157. 生姜主要虫害来源以及发生时间是什么？

（1）甜菜夜蛾（*Spodoptera exigua* Hübner）。主要来源于长江流域地区，土壤内化蛹越冬，随土壤传播。主要以幼虫危害，一年可发生7代，前6代为发生高峰期，主要在5—11月发生。

（2）斜纹夜蛾（*Spodoptera litura* Fabricius）。主要来源由南方迁飞至长江流域，当食料不足或不当时，幼虫可成群迁移至附近田块危害。主要为幼虫危害，集中在7—8月发生。

（3）姜蓟马（*Thrips alliorum* Priesner）。主要来源为土壤内化蛹，随土壤传播，成虫活跃，随风力传播。蓟马整个生长过程都会危害植物，尤其是危害幼嫩叶片，4月害虫开始活动，5—9月为危害高峰期。

（4）姜螟（*Pyrausta nubilalis* Hubern）。主要来源是在其他作物、杂草茎秆、土壤中越冬的老熟幼虫，成虫迁飞传播。主要为幼虫危害，6月开始发生，7—8月是发生危害盛期。

（5）小地老虎（*Agrotis ypsilon* Rottemberg）。主要来源于成虫迁移，将卵产在土块、地面缝隙、枯草、杂草和作物幼苗上，产卵分布较广，容易扩散。主要为幼虫危害，一年发生4～5代，冬代成虫2月出现，3—4月是幼虫危害盛期，间歇性发生。

（6）蛴螬（*Holotrichia parallela* Motschulsky）。主要来源于幼虫和成虫的迁移，危害周围植株。主要为幼虫危害，1～2年1代，主要在春秋两季发生严重。

（7）异形眼蕈蚊（*Phyxia scabiei* Hopk）。主要来源于植物根茎或块茎内寄生。主要为幼虫危害，生姜储藏期易受到危害，3—4月回暖化蛹，5—10月幼虫发生严重。

158. 生姜甜菜夜蛾形态特征是什么？

成虫体长8～14毫米，翅展19～30毫米。体灰褐色；前翅内横线、外横线和亚外缘线均为灰白色，但个体之间差异较大。外缘线由1列黑色三角形斑组成，前翅中央近前缘外方有肾形斑1个，内有环形斑1个；后翅灰白色，略带紫色，翅脉及缘线黑褐色。卵圆球形，白色，表面有放射状隆起线。卵粒重叠，卵块上有白绒毛覆盖。幼虫体长约22毫米，体色多变，有绿色、暗绿色、黄褐色等，腹部每一体节的气门后上方有一显著白点，气门下线为黄白色纵带，直达腹末，但不弯到臀足上。蛹体长10毫米左右，黄褐色，中胸气门位于前胸后缘的部分，显著突出，臀棘上有2根刚毛，其腹面基部也有2根极短的刚毛。

159. 生姜甜菜夜蛾危害症状有哪些？

甜菜夜蛾以蛹和幼虫的形态越冬，甜菜夜蛾危害能力最强的时期集中在生姜的旺盛生长期，该时期是形成产量的关键时期（彩图8-13）。初孵幼虫结疏松网在叶背群集取食叶肉，受害部位呈网状半透明的窗斑，干枯后纵裂。3龄后幼虫开始分群危害，可将叶片吃成孔洞、缺刻状，严重时全部叶片被食尽，整个植株死亡。4～5龄后幼虫开始大量取食，蚕食叶片，蛀食茎秆，白天潜伏在土壤或植株基部，傍晚转移到植株上进行危害，常将叶片啃食呈镂空状，严重时只剩叶脉，影响植株正常的生长和物质积累，造成缺苗断垄，影响生姜产量。

160. 生姜甜菜夜蛾的发生规律是什么？

甜菜夜蛾在华北地区1年发生3～4代，长江流域5～6代。以蛹在土室内越冬。在华南地区无越冬现象,可终年繁殖危害。在北纬44°以北广大区域内露地蔬菜上不能越冬,在国外该虫有远距离迁飞的报道。在江苏1年发生5~6代,少数年份会发生7代。各代危害时间为:第一代5月上旬至6月下旬,第二代6月上中旬至7月中旬,第三代7月中旬至8月下旬,第四代8月上旬至9月中下旬,第五代8月下旬至10月中旬,第六代9月下旬至11月下旬,第七代发生在11月上中旬,由于此时气温低,这一代不能完成发育,为不完全世代。

161. 生姜甜菜夜蛾的防治方法有哪些?

(1)**农业防治**。在蛹期结合农事需要进行中耕除草、冬灌,深翻土壤。早春铲除田间地边杂草,破坏早期虫源滋生、栖息场所,这样有利于恶化其取食、产卵环境。提倡傍晚人工捕捉大龄幼虫,挤抹卵块,这样能有效降低虫口密度。

(2)**物理防治**。于成虫始盛期,在大田设置黑光灯、高压汞灯及频振式杀虫灯诱杀成虫,同时利用性诱剂诱杀成虫。

(3)**生物防治**。使用苏云金杆菌制剂进行防治及保护,利用腹茧蜂、叉角厉蝽、星豹蛛、斑腹刺益蝽等天敌进行生物防治。卵的优势天敌有黑卵蜂、短管赤眼蜂等;幼虫优势天敌有绿僵菌。

(4)**化学防治**。施药时间应选择清晨最佳。用5%氟啶脲乳油1 500~3 000倍液,或1.8%阿维菌素乳油2 000~3 000倍液等农药对甜菜夜蛾具有较理想的防治效果。幼虫孵化盛期,于8:00前或18:00后喷施5%氯氰菊酯乳油1 000~2 000倍液与菊酯伴侣500倍混合液,或2.5%高效氟氯氰菊酯乳油1 000倍液加氟虫脲乳油500倍混合液,或5%高效氯氰菊酯乳油1 000倍液加5%氟虫脲可分散液剂500倍混合液,或10%夜蛾净1 000~1 500倍液。

162. 生姜斜纹夜蛾形态特征是什么?

成虫体长16~21毫米,翅展37~42毫米。前翅黄褐色,有复杂的黑褐色斑纹,中室下方淡黄褐色,翅基部前半部有白线数条,内、外横线之间有灰白色宽带,自内横线前缘斜伸至外横线近内缘1/3

处，灰白色宽带中有 2 条褐色线纹（雄蛾不显著）。后翅白色，具紫色闪光。卵半球形，卵粒常 3、4 层重叠成块，卵块椭圆形，上覆黄褐色绒毛。幼虫体色变化很大，发生少时为淡灰绿色，大发生时体色深，多为黑褐或暗褐色；具黄色背线和亚背线，沿亚背线上缘每节两侧常各有一半月形黑斑，其中腹部第一节的黑斑大，近菱形，第七、八节的为新月形，也较大；气门线暗褐色，气门椭圆形，黑色，气门下线由污黄色或灰白斑点组成。蛹赤褐至暗褐色，腹部第四节背面前缘及第五至第七节背、腹面前缘密布圆形刻点；气门黑褐色，呈椭圆形；腹端有臀棘 1 对，短，尖端不呈钩状。

163. 生姜斜纹夜蛾危害症状有哪些？

斜纹夜蛾初孵幼虫群集在卵块附近取食，3 龄前仅食生姜叶肉，叶片被害处仅留表皮层及叶脉，呈现灰白色筛孔状斑块，枯死后呈黄色（彩图 8-14）；幼虫初孵时不怕光，稍遇惊扰就四处爬散或吐丝下垂，随风飘散；3 龄后开始分散危害，有假死性，稍有惊动即坠地；4 龄后进入暴食期，出现避光性，在姜株稀疏的姜田内，晴天白天很少活动，阴雨天有少数幼虫爬上姜株取食，多数在傍晚以后活动危害；5～6 龄幼虫多在夜间至黎明前活动，大发生时可将全田姜株吃成光秆，在食物缺少时或施药后能迁移到其他田块继续危害。

164. 生姜斜纹夜蛾的发生规律是什么？

斜纹夜蛾一年发生 4～5 代，世代重叠，始发期 4 月，终见期 11 月，主要危害期 7—10 月，以蛹在土下 3～5 厘米处越冬。成虫白天潜伏在叶背或土缝等阴暗处，夜间出来活动。每只雌蛾能产卵 3～5 块，每块有卵位 100～200 个，卵多产在叶背的叶脉分叉处，经 5～6 天就能孵出幼虫，初孵时聚集叶背，4 龄以后和成虫一样，白天躲在叶下土表处或土缝里，傍晚后爬到植株上取食叶片。成虫有强烈的趋光性和趋化性，卵的孵化适温是 24 ℃左右，幼虫在气温 25 ℃时，历经 14～20 天，化蛹的适合土壤湿度是 20% 左右，蛹期11～18 天。

165. 生姜斜纹夜蛾的防治方法有哪些？

（1）**农业防治**。在田间管理中勤检查，发现卵块及时摘除，集中销毁。在分散暴食期，虫体较大，易看见，可在早晨、傍晚，特别是阴天，人工捕捉，控制效果较明显，捕捉 2～3 次，大龄幼虫基本上可被捉完；若结合喷 1 次杀虫剂消灭低龄幼虫，控制效果更好。

（2）**物理防治**。可在成虫发生期设置黑光灯，或糖、醋、酒液盆诱杀成虫。诱杀幼虫用莲花白菜叶切成丝，加入敌百虫 100 倍药液和红糖水拌匀，在傍晚撒在田间，每亩撒 5 千克左右。村子附近的田块不宜使用，以免误杀家畜家禽。

（3）**生物防治**。用苏云金杆菌可湿性粉剂 500～800 倍液喷雾，可使大量斜纹夜蛾幼虫感病死亡。

（4）**化学防治**。防治药剂以胃毒为主，对斜纹夜蛾的防治，喷药时间最为重要，因夜蛾的幼虫白天潜伏在土壤、杂草等荫蔽处，夜晚才出来取食，白天喷药很难喷到虫体，只有通过取食叶片后才会中毒。阴天大部分幼虫还在活动，药液喷在植株上的同时，还可能直接喷到虫体上，这样胃毒和触杀作用都能发挥，防治效果最好。防治药剂可用 40％二嗪磷乳油 100 毫升加 4.5％氯氰菊酯 50 毫升/亩、5％氟虫腈乳油 1 500 倍液、50％辛硫磷乳油 800 倍液、24％灭多威水剂 1 000 倍液喷雾，间隔 3～5 天再用 1 次，能有效控制危害。

166. 姜蓟马形态特征是什么？

成虫体长 1.0～1.3 毫米，体色自黄白色至深褐色，复眼红色。头略呈后口式，口器锉吸式，能刺破植物表皮，吸吮汁液；触角 6～9 节，线状，略呈念珠状，一些节上有感觉器；足的末端有泡状的中垫，爪退化。雌成虫深褐色，触角第三节暗黄色，前翅略黄，腹部第二至第八背板前缘线黑褐色。头略长于前胸，单眼间鬃长于头部其他鬃，位于三角连线外缘。复眼后鬃呈一横列排列。触角 8 节，第三、四节上的叉状感觉锥伸达前节基部。前胸背板后角各具一对长鬃，内鬃长于外鬃，后缘有 3 对鬃，中对鬃长于其余 2 对鬃；中胸背板布满横线纹。前翅前缘鬃49根，上脉鬃不连续，基部鬃7根，端鬃3根，下脉鬃12～14根。腹部第五至第八背板两侧栉齿梳模糊，第八背板后缘梳退化，3～7背侧片通常具3根附属鬃，3～7腹板各具9～14根附属鬃，腹部末端圆锥形，腹面有锯齿状产卵器，若呈圆柱形，无产卵器。雄虫短翅型，3～7腹板有横腺域。卵初产时呈肾形，后期逐渐变为卵圆形。若虫共4龄，体色为黑色、褐色或黄色（彩图8-15）。

167. 姜蓟马危害症状有哪些？

姜蓟马通常以成虫和若虫危害生姜的心叶或幼嫩部位，以锉吸式口器穿刺、锉伤植物叶片，吸食汁液，受伤叶片上产生很多细小的灰白色斑纹，被害嫩叶变硬皱缩，心叶扭曲呈"马鞭状"，新叶不能正常展开，出现畸形，在植株顶端呈"龙头状"，俗称"转心""缩辫子"，严重时可导致生姜叶缘或叶尖干枯，植株生长缓慢。

168. 姜蓟马发生规律是什么？

姜蓟马一年可发生6～10代，世代重叠现象严重。主要以成虫和若虫在生姜的叶鞘内越冬；前蛹和蛹在土壤中越冬，春天出来活动，繁殖后代，不断危害。姜蓟马成虫很活跃，会飞也会跳，并可借助风力传播扩散。5月下旬至6月上旬迁飞至姜田危害。高温、高湿不利于其发生危害，雨水较多也能降低虫口密度。7月以后，气温高，降水也逐渐增多，蓟马的发生受到一定的抑制，虫口数量有所减少。田间干旱、经常不浇水或浇水较少的地块姜蓟马发生偏重。

169. 姜蓟马防治方法有哪些？

（1）农业防治。姜蓟马的发生与气候和土壤墒情关系密切。种植前应彻底清除田间植株残体及杂草；加强肥水管理，在高温季节（尤其是从6月开始）适当加大浇水量，有条件的姜田可以铺设微喷灌系统，改善姜田小气候，可大大减少蓟马危害。早春种植生姜最好不要用小拱棚，因为小拱棚内的姜苗容易受到在土壤中越冬的蓟马危害，且姜苗上的蓟马迅速繁殖后又可落到土壤中化蛹，危害循环加剧。在

这种情况下，生姜种植以采用地膜覆盖为宜

（2）物理防治。姜蓟马有趋向蓝色的习性。蓟马发生高峰期（6—7月）可在生姜地设置蓝色粘虫板，以降低蓟马发生。粘虫板的高度应与生姜植株等高或略高于植株，每亩悬挂30～40张（25厘米×20厘米），在蓟马发生期15天左右更换1次。

（3）生物防治。蓟马害虫的天敌种类包括小花蝽、捕食性蓟马、草蛉、寄生蜂、捕食螨、线虫和微生物等。国外研究发现，尼氏蓟马线虫作为烟蓟马的重要寄生性线虫可成为其有效生物天敌加以利用。

（4）化学防治。可以选择植物源药剂0.3％印楝素乳油喷雾防治（用量为2.25升/公顷）或1％苦参碱乳油喷雾防治（用量为1.8升/公顷），下午光照不强时打药，防治最佳时期为5月下旬到6月上旬，间隔5天喷雾1次，连喷3次。

170. 姜螟（钻心虫）形态特征是什么？

成虫黄褐色，雄蛾体长13～14毫米，翅展22～28毫米，体背黄褐色，前翅内横线为黄褐色波状纹，外横线暗褐色，呈锯齿状纹；雌蛾体长14～15毫米，翅展28～34毫米，体鲜黄色，各条线纹红褐色。卵扁平椭圆形，长约1毫米，宽0.8毫米。数粒至数十粒组成卵块，呈鱼鳞状排列，初为乳白色，渐变为黄白色，孵化前卵的一部分为黑褐色（为幼虫头部，称黑头期）。幼虫体长20～30毫米，圆筒形，头黑褐色，背部淡灰色或略带淡红褐色，幼虫中、后胸背面各有1排4个圆形毛片，腹部1～8节背面前方有1排4个圆形毛片，后方两个较前排稍小（彩图8-16）。蛹长15～18毫米，红褐色或黄褐色，纺锤形，腹部背面1～7节有横皱纹，3～7节有褐色小齿，横列，5～6节腹面各有腹足遗迹1对，尾端臀棘黑褐色，尖端有5～8根钩刺，连于丝上，黏附于虫道蛹室内壁。

171. 姜螟危害症状是什么？

姜螟危害时以幼虫咬食嫩茎，钻到茎中继续危害，故又称钻心虫。姜螟咬食生姜植株后，造成茎秆空心，水分及养分运输受阻，使得姜苗上部叶片枯黄凋萎，茎秆易于折断（彩图8-16）。1代姜螟危害姜苗根基部、环食、啃食、蛀食姜株，造成姜苗青枯倒伏，出现缺苗断垄。2、3 代姜螟蛀食危害姜株，蛀入孔高度一般在 15～30 厘米，随着姜株的老化，蛀入孔偏高，幼虫蛀入后沿植株向上蛀食造成枯心苗，并在孔口留有新鲜粪便。姜螟在姜株上有转株危害特点。

172. 姜螟的发生规律是什么？

姜螟在一年发生 3 代，以第三代老熟幼虫在生姜茎秆、穗轴或根茬内越冬。翌年 5 月中旬至 6 月初为越冬代幼虫化蛹盛期，5 月底到 6 月上旬为成虫羽化盛期，6 月上旬进入第一代卵盛期。此期生姜营养生长旺盛，一般株高 25 厘米左右，植株幼嫩，姜螟成虫将卵产在生姜叶背面，每头雌虫可产卵 10～20 块，成虫寿命 8～10 天，卵期 3～4 天。初孵化的幼虫有群集取食卵壳的习性，然后集中在生姜心叶内危害。生姜心叶展开后，呈现出横排的小圆孔，俗称为"花叶"。幼虫 3 龄以后分散转株危害，造成大量生姜枯心死亡。

173. 姜螟的防治方法有哪些？

（1）**农业防治**。姜螟农业防治的关键是优化种植结构，改善农田生态环境，减少虫口密度。主要措施有：①清洁田园，深秋在生姜和玉米收获时，及时合理地处理玉米秸秆、穗轴、生姜茎株及其他越冬寄主，减少越冬虫源；②改善田间管理，改用黑塑料网膜或者小拱棚绿膜取代玉米秸秆作生姜遮阴屏障；③创新种植模式，生姜与其他经济作物套种，不仅可以提高种植效益，还能减少玉米螟在生姜上的发生，减少农药用量，获得良好的生态、社会和经济效益。

（2）**物理防治**。利用太阳能板频振式杀虫灯和性诱剂。杀虫灯根据防治面积设置个数，一般情况下两盏灯之间的距离为 200 米，杀虫灯开灯时间为第一代姜螟刚羽化时到第三代姜螟羽化末期，第一代姜螟羽化期是防治关键期，即 5 月中旬到 6 月中旬；雌性昆虫的性外激素对雄性成虫有引诱作用，性诱剂技术就是利用这一原理将雄性成虫诱捕，进而干扰雌雄成虫正常交尾，降低种群基数。

（3）**生物防治**。姜螟的生物防治措施主要有：①保护利用天敌，如赤眼蜂、瓢虫、蜘蛛等，在第一代姜螟产卵始期、盛期、末期各放赤眼蜂1次，每次每亩放蜂量为1万～3万头，一般第一次放蜂时间为6月初，即越冬代姜螟化蛹15%左右时再向后推迟10天，之后每隔7天放1次；②用孢子含量（5×10^{10}）～（10×10^{10}）的白僵菌粉1千克，兑煤渣颗粒10千克，撒于生姜心叶内；③在姜螟幼虫孵化盛期，每亩姜田用苏云金杆菌乳剂40克或2.5%多杀霉素胶悬剂33毫升喷雾防治。

174. 生姜小地老虎形态特征是什么？

成虫单体长16～23毫米，翅展42～52毫米。触角雌蛾丝状，雄蛾双栉状，分枝渐短，仅达触角长度之半，其余为丝状。前翅前缘及外横线至中横线，有时直达内横线呈黑褐色，肾状纹、环状纹和楔状纹位于其中，各斑环以黑边，在肾状纹外边有一明显的尖端向外的楔形黑斑，在亚外缘线上则有两个尖端向内的楔形黑斑，3斑相对；后翅灰白色，脉及边缘带黑褐色。卵馒头形，直径约0.6毫米，高约0.5毫米，表面有纵横隆线。初产时乳白色，后变黄褐色，孵化前为灰褐色，顶端呈现黑点。幼虫体长37～50毫米，暗褐色，体表粗糙，密布大小不一的黑色颗粒。腹部第一至第八节背面有4个毛片，后方的2个毛片较前方的2个毛片大一倍左右；臀板黄褐色，有2条深褐色纵带。各龄幼虫可根据体长和头壳宽度加以区分。蛹体长18～24毫米，红褐色或暗褐色，具光泽，腹部第四至第七节背板基部有刻点，在背面的刻点大而色深，两侧的刻点很小，腹末具臀棘1对。

175. 生姜小地老虎危害症状有哪些？

小地老虎一年可发生数代，是生姜出苗后的第一个虫害种类。幼虫集聚在幼苗心叶或叶背上昼夜取食，将叶片咬成小缺口或网孔状，严重时将幼苗近地面的茎部咬断，造成整株死亡、缺苗断垄；成虫对糖醋酒液及灯光有趋向性，喜欢昼伏夜出，危害严重。幼虫危害时间多在5月中旬至6月中上旬。1～2龄幼虫多栖息在表土或者姜苗的新叶里，昼夜活动并不入土；3龄幼虫白天潜伏在表土中，夜间出来活动，伤害姜苗，造成心叶萎蔫、变黄或猝然倒地，以每天的21:00—24:00及清晨5:00活动最为旺盛，常常是齐地咬断嫩茎，危害植株。

176. 生姜小地老虎的发生规律是什么？

小地老虎在我国南方各省一般一年发生6～7代。常年在3月上旬至4月下旬发蛾，其间出现两个高峰，第一个高峰在3月中下旬，第二个高峰在4月上中旬，有的年份在5月上旬还有一个小高峰，5月中下旬终见；发蛾高峰出现后4～6天，田间相应出现卵峰。产卵盛期为3月下旬至4月上旬，此时卵历期11～13天；田间幼虫始见于4月初，4月上中旬幼虫盛孵。4月中下旬幼虫发育至2～3龄，4月底至5月上旬进入4～5龄危害盛期。幼虫通常6龄，平均温度17.5℃时幼虫历期为40天。老熟幼虫5月中下旬在土内筑土室化蛹。21～23℃时蛹期平均为18～19天，6月下旬开始羽化。1代成虫寿命8～14天，产卵前期约5天。羽化后的成虫陆续迁出，蛾量突减，此后各代在田间很少发现。

177. 生姜小地老虎防治方法有哪些？

（1）农业防治。①播种时对土壤精耕细耙，及时清除田间落叶杂草，消灭部分虫卵。②用糖醋酒液及灯光诱杀成虫，糖、醋、酒、水的比例为6：3：1：10，糖醋酒混合液加入90%敌百虫混合后放入盆中，傍晚置于田间，诱杀成虫。③用泡桐叶或莴苣叶放于田间诱捕幼虫，翌日清晨到田间捕捉幼虫。④对高龄幼虫也可在清晨到田间检查，如发现有断苗，拨开附近的土块进行捕杀。⑤有条件的地区，实行水旱轮作，并结合苗期灌水，可淹死部分幼虫和蛹。

（2）物理防治。①利用成虫趋光性和趋化性，可在生姜田内安装频振式杀虫灯诱杀成虫。②利用其产卵习性，在田间布设泡桐叶诱杀幼虫及卵。③及时清除田间杂草和枯枝败叶，可消灭一部分虫源。

（3）药剂防治。①用5千克饵料（麦麸）炒香，与90%敌百虫晶体150克加水拌匀制成毒饵，每亩撒施1.5～2.5千克，以诱杀幼虫。②用20%氰戊菊酯乳油2 000倍液，或用40%氰戊菊酯·马拉硫磷乳油2 000～3 000倍液，或用10%氯氰菊酯乳油2 000～3 000倍液，或用48%毒死蜱乳油100～2 000倍液，或用8%阿维菌素乳油1 000倍液，或用5%氟啶脲乳油150倍液等药剂喷雾防治3龄前幼虫。

178. 生姜蛴螬形态特征是什么？

成虫体长 17～22 毫米，长椭圆形，体多黑褐色，光泽不明显，被黑色或黄褐色绒毛和蓝灰色闪光粉层。前胸背板最宽处位于侧缘中间，前缘具沿，并有成排纤毛；前侧角钝角形，后侧角直角形，后缘无沿。前足胫节外侧具 3 齿，中齿明显靠近顶齿，内方距相对于中、基齿之间，稍近基齿。鞘翅两侧缘几乎平行，近后部稍膨大。腹部腹板具青蓝色丝绒色泽。卵长约 2.5 毫米，宽约 2.2 毫米，白色稍带黄绿色光泽。孵化前可透见幼虫体节和上颚。幼虫体长 35～45 毫米，头部前顶毛每侧 1 根，位于冠缝旁，胸腹部乳白色，臀节腹面仅有钩状刚毛，呈三角形分布，肛门孔三裂。蛹体长 20～25 毫米，尾节三角形，二尾角呈锐角岔开。

179. 生姜蛴螬危害症状有哪些？

蛴螬以生姜根茎、幼苗为食，可根据温度变化钻入不同深度土层，偏好施有未腐熟肥料的地块。每年 7—8 月危害较重，主要危害姜的地下根茎。受到侵害的植株，根茎被咬伤甚至被咬断，影响苗期的生长发育，严重的造成苗期死亡。沙壤土土质黏性差，有利于蛴螬的生长，施用未腐熟的农家肥、前茬作物为土豆和甘薯等根茎类作物或周围有林木的地块，蛴螬发生的危害较重。蛴螬幼虫可齐地咬断姜苗的茎秆，咬伤块茎，引起植株茎部腐烂，姜苗枯萎，成虫啃食叶片，阻碍植株正常光合作用，影响植物的正常生长。

180. 生姜蛴螬的发生规律是什么？

蛴螬在江苏、安徽、河南、山东、河北等地一年发生 1 代。多以 3 龄老熟幼虫越冬，少数以成虫越冬，幼虫在土中越冬深度平均为 23.14 厘米，成虫为 8～28 厘米，平均为 16 厘米，越冬幼虫至翌年化蛹前一直停留在土室中。一般春季不危害，4 月底至 5 月初始蛹，5 月中下旬为化蛹盛期。5 月下旬或 6 月初始见成虫，6 月中旬至 7 月盛发，高峰期为 7 月中旬，8 月下旬后逐渐减少，9 月绝迹。成虫产卵盛期在 7 月上中旬，幼虫 7 月中下旬盛孵，8 月中下旬发育至 3 龄进入危害盛期。主要危害花生、大豆、甘薯和秋播麦苗。9 月中旬前后，老熟幼虫开始下移越冬。以成虫越冬的，翌年 4 月下旬以后出土，5 月下旬灯下始见。

181. 生姜蛴螬防治方法有哪些？

（1）**农业防治。**①合理轮作，施用充分腐熟的有机肥，不要偏施某一种，阻断蛴螬生存所需的食物来源。②为提高植株抗病能力，可以施用复合肥，促进植株健壮生长。③利用成虫假死性进行人工捕捉。

（2）**物理防治。**①在前茬作物收获或整地时，及时杀灭土中的蛴螬。②购买黑光灯，诱杀蛴螬成虫，这一点主要是利用蛴螬的趋光性。③配置糖醋液，将其放在蛴螬较多的地方进行诱杀。

（3）**化学防治。**①用 60% 的吡虫啉悬浮种衣剂 30 毫升，兑水 1.5 千克，拌姜种 100～125 千克，晾干后再播种，可有效防止蛴螬危害。②在蛴螬孵化盛期和低龄幼虫期要及时施药防治。按照每亩用 10% 吡虫啉可湿性粉剂 25 克，或 48% 毒死蜱乳油 50 克，加水 40～50 千克灌根。或者每亩用 10% 吡虫啉可湿性粉剂 25 克，或 48% 毒死蜱乳油 1.5 千克，加细沙土 20 千克拌匀，在植株旁开沟穴施。

（4）**生物防治。**线虫、白僵菌、芽孢乳杆菌、土蜂等生物因子在蛴螬的防治上均有应用，效果较显著。①应用小卷蛾线虫防治蛴螬，每公顷用 55.5×10^9 头，防治效果达 100%；在春、秋季低温时用格氏线虫和在夏季高温时用异小杆线虫防治蛴螬均能取得良好防效。一般应用线虫防治地下害虫时，施入土中为佳，也可与基肥混用。②利用芽孢乳杆菌、布氏白僵菌和卵孢白僵菌防治蛴螬，均取得明显的效果。③有 10 多种土蜂可寄生蛴螬，特别是臀钩土蜂，寄生率高达 48%。

182. 异形眼蕈蚊（姜蛆）形态特征是什么？

成虫灰褐色，雄虫体长 1.3～1.6 毫米，褐色，背板和腹板稍深。头深褐色，复眼黑色裸露，无眼桥；单眼 3 个排列呈等边三角形；触角 16 节，长 0.9～1.1 毫米，柄节、梗节较粗，鞭节逐渐变细，节间均有颈，第四鞭节长是宽的 2.3 倍，节与颈的长度比为 5：1；下颚须 1 节，有毛 4 根。具翅，但是不善飞行，一般在遇到某种刺激如光照、震动和触角时才会飞行。雌虫体长 1.7～2.1 毫米，胸部短小，背面扁平，腹部长而粗大，腹端渐细长，阴道又很长，尾须 2 节，端节椭圆形。体笨重，爬行或跳跃，比雄虫稍活跃，成虫口器退化，一般不取食。其卵椭圆形，体长 0.025～0.03 毫米。幼虫体细长，圆筒形，长 4～5 毫米，头部黑色，咽部乳白色，口器咀嚼式，上颚具硬齿，行动迟缓，具有群集性、趋湿性。蛹侧卧式，附肢透明如瓷塑状，气门突出，蛹为裸蛹，初呈乳白色，后变黄褐色，羽化前为灰褐色。

183. 异形眼蕈蚊危害症状有哪些？

异形眼蕈蚊（姜蛆）对环境要求不高，因而在地窖内可周年发病，尤其在清明节气温回升时，危害加剧。姜蛆的卵一般产于生姜表面或分杈处的缝隙中，如果环境干燥则产于生姜的湿润处。该虫主要以幼虫危害为主，姜块以姜球顶端受害为重，受害处表皮完整，色泽暗灰色，有的有微小孔眼，皮下有粒状的虫粪和丝网，严重者其内只剩下粗纤维，生姜受害后常引起腐烂。因姜蛆有趋湿性和隐蔽性，初孵化的幼虫即蛀入生姜皮下取食。在生姜圆头处取食者，则以丝网黏连虫粪、碎屑覆盖其上，幼虫藏身其中。幼虫性活泼，身体不停蠕动，头摆动，以拉线网。幼虫初期在姜块表面危害，后逐渐向深层蛀害，生姜出窖时被害部位不明显，一般呈淡黄褐色。幼虫性活泼，生姜受害处仅剩表皮、粗纤维及粒状虫粪，还可引起生姜腐烂，一般受害种姜表皮色暗，剥去被害部位表皮，可见若干白线头状幼虫在蠕动，有的被害姜块已经腐烂，但其中仍含有幼虫，幼虫具有植食性兼腐食性。

184. 异形眼蕈蚊的发生规律是什么？

异形眼蕈蚊以幼虫于 3～4 厘米表土层休眠越冬（在温室内则无越冬，可继续繁殖危害）。翌春 3 月下旬开始化蛹，持续至 5 月中旬，

4月初至5月中旬羽化为成虫。各代幼虫出现时间为：第一代4月下旬至5月下旬，第二代6月上旬至下旬，第三代7月上旬至10月下旬，第四代（越冬代）10月上旬至翌年4月底、5月初。越冬幼虫将要化蛹时逐渐向地表活动，大多在1~2厘米表土层中化蛹。

185. 异形眼蕈蚊的防治方法有哪些？

（1）田间防治。在田间发现幼虫危害生姜根茎部时，可喷淋10%吡虫啉可湿性粉剂1 500倍液或者50%辛硫磷乳油1 200倍液，收获前7天停止用药。

（2）贮藏期防治。用1.8%的阿维菌素20毫升兑水15千克，混匀后，均匀喷在姜窖内的被沙层以及墙壁上，用量以湿润0.5厘米厚的被沙层，四周墙壁布满药液，但不下流为准。在姜存储完毕后，用80%敌敌畏或三氯杀虫酯·氰戊菊酯（灭害灵）进行熏蒸，熏蒸后立即用85目的纱网封姜窖口和通气孔，杀死前期进入姜窖内的异形蕈蚊以防止其进入姜窖产卵。在封生姜窖口时，可用三乙膦酸铝熏蒸姜窖，彻底消灭姜窖内的异形眼蕈蚊，三乙膦酸铝的安全用量是每1 000千克鲜姜用150克，使用方法为：首先根据贮姜数量计算好三乙膦酸铝的用量，然后用干燥的纸包好三乙膦酸铝药片，放到贮姜洞内，放好药后要迅速封好生姜窖进、出气口，施药人员在放药时，要注意戴好防毒面具，以防止中毒现象的发生。针对生姜窖藏期普遍发生姜蛆危害，利用姜蛆成虫的趋光特性，于生姜入窖后在姜窖内悬挂频振式杀虫灯，每个独立姜窖悬挂1盏，高度离窖底地面1.5米即可，可以有效杀灭异形眼蕈蚊，对姜蛆防治效果达98.6%，姜块被害率低于2%。

186. 姜田杂草种类有哪些？防除方法是怎样的？

（1）杂草种类。生姜栽培一般在夏季进行，生长期内由于气候适宜，一年生禾本科杂草和阔叶杂草在田间危害相当严重。姜田杂草有16科60余种，主要有马唐、牛筋草、荠菜、碎米荠、狗尾草、铁苋菜、鳢肠和香附子等，其中香附子是世界性恶性杂草之一，极难清除干净。

（2）防除方法。

① 生姜田播种后、幼苗出地前施用33％二甲戊灵＋24％乙氧氟草醚，一次用药可有效控制姜田生育期内的杂草，省时省力且有明显的增产效果。

② 幼苗出土后进行人工除草，雨后天晴及时除草，力求有草必除，除草必净，以利生姜植株生长。

③ 生长期选用10％精喹禾灵乳油40～50毫升/亩兑水30～45千克，均匀喷雾，可防除姜田马唐、牛筋草和狗尾草等禾本科杂草。

视频9
姜田杂草防除

九、生姜采收利用

大棚生姜促成栽培通常在2月中旬催芽，3月中旬播种，6月下旬开始采挖菜姜（鲜食嫩姜）上市，至7月中下旬采收完备，整个生长过程约120天，产量低，但价格好、生产效益好。大棚促成栽培生姜要在露地生姜栽培上市前收获销售完，避免后期露地栽培生姜大量上市，价格大幅下跌，影响经济收益。生姜大棚促成栽培投入较大，生产种植户应视田间生姜生长情况和市场价格尽早采挖，尽早上市，以获得较好的经济收入。

187. 鲜食菜姜（嫩姜）何时收获？

多数年份鲜食菜姜上市销售时间越早，其价格也越高，但产量不高；当产量达到高产时，价格可能不及早收获时的高价。因此，种植从业者应根据当年及近年市场行情进行预判，确定生姜的收获时间，以获得最大的经济效益。露地栽培的生姜在9月上旬至10月上旬初霜来临之前进行采挖，此时植株地上茎叶生

视频10
采收清洗

长正常，地下根茎产量达到最高，姜块组织嫩、纤维素含量低，适合作鲜食菜姜和腌制泡姜。初霜来到后，植株地上茎叶开始枯黄，姜块产品的纤维素增多，此时要加快挖姜进度（彩图9-1）。

188. 调味姜块（老姜）何时收获？

露地栽培生姜是以收获老姜为目的，北方生姜产区如山东、河北、河南、陕西等地宜在初霜到来之前（10月中旬）及时采挖收获生姜；长江流域生姜产区如四川、重庆、云南、湖北等地宜在立冬前

后适时采挖收获生姜。此时植株地上茎叶开始发黄，姜块组织成熟、生长停止，产量高，产品适合作调味姜，耐贮藏。收获前3～4天，先浇一次水，使土壤湿润，然后以专用姜块收获机采挖，或人工用铁叉、铁锹、镢头等工具将整株刨出，轻轻抖落根茎姜块上的泥土，将茎秆自茎基部折下或用刀削除，清除须根和肉质根，晾晒半天，减少姜块表面水分，随即进入冷库或地窖贮藏，翌年上市销售（彩图9-2）。

189. 生姜常见产品的加工工艺要点是怎样的？

（1）冰姜。工艺流程：鲜姜→清洗→切片→煮沸→漂洗→沥干→加糖水→煮沸→浓稠→加糖粉→拌匀→摊晒→干燥→冰姜。操作要点：①选择姜指肥大幼嫩的鲜姜，洗净，横向斜切成5毫米厚的薄片；②在锅中加入清水与切好的姜片，煮沸后，捞起漂洗干净，沥干水；③先将白砂糖与清水入锅煮沸后，再将沥干的姜片倒入，搅拌1小时至糖液浓稠下滴成珠时，即离火起锅；④把白糖粉倒入锅内拌匀，筛去多余糖粉，摊晒8小时，干燥后即成白如冰、辛而不辣的冰姜。

（2）醋姜。工艺流程：鲜姜→清洗→晒干→切瓣→制酸汁→浸腌→搅动→醋腌→成品。操作要点：①选择幼嫩、无虫眼、无伤疤的鲜姜，洗净、晒干后，切成块瓣；②按一定的比例将姜片、香醋、食盐、花椒制成酸汁；③将制成的酸汁和块姜倒入缸内浸腌，并置于低温的室内保存，要经常搅动，醋腌15天即可食用。

（3）糟姜。工艺流程：鲜青姜→清洗→剥皮→盐水→烧沸→冷却→加红糟→拌匀→腌浸→成品。操作要点：①选择幼嫩、无虫眼、无伤疤的鲜青姜，将生姜洗净去皮备用；②将剥皮生姜放入生姜缸中，先将食盐加水烧沸，冷却后沥干水分加入红糟拌匀；③将用红糟拌匀后的生姜倒入缸中，糟汁以淹没生姜为宜；腌浸1个月后即成成品。

（4）酱姜。工艺流程：鲜姜→洗净→切瓣、片→晒干→蒸豆豉→装缸紧压→酱腌→筛去豆豉→酱油→辅料拌匀→装缸紧压→密封→酱姜。操作要点：①选择幼嫩、无虫眼、无伤疤的鲜姜，洗净，将姜指的一端切成瓣，再按姜指的大小切成3～4片，晒干，标准为50千克生姜晒干至30千克左右；②将豆豉放在木甑内蒸，待甑盖边出现大汽即可；③蒸好的豆豉拌入晒干的姜片内，以一层姜一层豆豉装入缸内紧压，经10～15天酱腌后取出，筛去豆豉；④在姜片内放入酱油、白酒等辅料拌匀，装缸紧压，密封，再经20～30天即为黄褐色、味鲜、辛辣、脆嫩的酱姜。

（5）**蜜制姜丝**。工艺流程：鲜姜→清洗→去皮→切丝→浸泡→糖30％→混合→腌制→加糖30％→加热→腌制→加糖40％→加热→煮制→去掉糖沫→成品。操作方法：①选择幼嫩、无虫眼、无伤疤的鲜姜，将生姜用清水洗净，去皮，切成姜丝；②把姜丝在清水里浸1～2天捞起，要注意换清水，避免姜丝变色，同时达到去辣的目的；捞起的姜丝放入盛有清水的锅中，加热水漂洗2分钟后，捞起放入罐里；③蜜制姜丝要重复进行，第一次用总糖量的30％，撒在刚捞起的姜丝上，要求白糖与姜丝均匀混合，腌制1～2天；④将第一次腌制时流到罐底的糖液倒进锅里，再加入总糖量的30％，加热到沸腾，并趁热泼在罐里的姜丝上，进行第二次腌制，1～2天；⑤将第二次腌制时流到罐底的糖液倒进锅里，再加入剩余的40％的白糖，加热到沸腾，把罐里的姜丝也一同倒入煮制，几分钟后，将表层糖沫去掉即为成品。

190. 生姜加工产品类别有哪些？各有什么特点？

（1）**生姜罐头**。将嫩姜精制加工成罐头，可作为一种美味可口的营养保健食品。嫩姜制作罐头，原料广泛，加工增值，既可内销，又可出口创汇，是助农增收的有效途径。

（2）**酱制生姜**。利用生姜、豆豉等原料，经过加工制作得到味鲜、辛辣、脆嫩的酱姜制品，不仅可以延长生姜采后贮藏保鲜期限，还可增加姜农收入。

（3）**姜汁类**。利用新鲜生姜，通过磨碎、打浆和压榨等工艺可以制备姜汁产品，作为多种食品加工的配方和辅料。目前，市场上已经开发出多种含姜汁的食品，如姜汁奶、姜汁啤酒、姜汁茶、果蔬复合汁饮料等。姜汁饮料保持了生姜原有的营养成分，色泽淡黄透明，久置无沉淀，姜辣味浓郁适口，保质期长，具有驱寒、除湿、活血、生津等功效，饮后人体血流速度加快，皮肤毛孔扩张，让人感觉轻松愉悦，尤其适用于高寒地区作业人员饮用。

（4）**姜糖类**。生姜具有独特的芳香气味和辛辣口感，将生姜（丝）或生姜提取物添加到糖果中，可以赋予传统糖果特殊的风味和口感。目前，市场上已经开发出了很多姜糖产品，如保健甘蔗姜糖、姜汁软糖、葱酥糖姜片和生姜风味蜜饯制品等。

（5）**生姜干制品**。鲜姜贮存易霉烂、皱皮、干瘪变质，不易长期保存。将生姜加工成干姜片、姜粉、姜脯等，不仅解决了生姜的贮存和运输问题，同时，丰富了姜制品市场。姜片及姜粉是生姜初级加工产品，同时也是我国近年来生姜出口创收的主要产品。

191. 贮藏对姜块质量的要求有哪些？

需贮藏的生姜应在叶片开始枯萎（霜降）之前收获，要求根茎充分成熟、饱满、坚挺且表面呈浅黄色至黄褐色。贮藏用生姜如果收获太早，姜太嫩，不仅影响产量，而且由于含水量较高，耐储性降低，贮藏品质变差；贮藏用生姜也不宜过迟采收，过迟采收易在田间遭受冻害，影响贮藏安全。贮藏用生姜不要在雨天和雨后收挖。姜采收时，要尽量减少机械损伤，表皮剥落、发芽、皱缩、软化的姜块不适于贮藏。用于贮藏的姜块不宜在田间过夜，以免遭受霜冻、雨淋等意外情况，降低耐储性。最好是在天气晴朗、土壤干燥时采收，此时泥土易脱落，便于识别生姜是否有病变或损伤。贮藏前，选姜是保证安全贮藏的重要环节，要将病变姜、破损姜全部剔除，防止病伤姜在贮藏期间成为传染的病源。

192. 姜块贮藏的要点是什么？

姜块贮藏有三点至关重要。一是仓库或井窖消毒，姜块入库前一周应对贮藏室、冷库或井窖以高锰酸钾或杀虫剂、杀菌剂进行消毒，消除贮藏室、冷库或井窖内的害虫和病菌。二是合理控制温度，姜块采收后贮藏入库前应摊晾预冷，及时降低姜体的温度和湿度，去除田间热，姜块入库贮藏期间保持室内温度在 $12 \sim 15 \, ℃$，让姜块进入休眠期；贮藏温度在 $10 \, ℃$ 以下，生姜会受冷害，特别是种姜，如果受冻，将对发芽率产生很大的影响；贮藏温度若超 $15 \, ℃$，则生姜容易发芽，并引发病害。三是合理控制湿度，贮藏期间湿度偏低，会导致姜块出现严重失水萎缩的现象；贮藏期间湿度过高，又存在引起姜块腐烂的风险。因此，贮藏期间的相对湿度应控制在 90%～95%，若相对湿度低于 75%，生姜易失水干缩，特别是菜用鲜姜、加工姜等，失水干缩会直接影响其商品价值。

193. 生姜贮藏对填充料的要求有哪些?

生姜贮藏的填充料主要有河沙、风化细沙和细泥土等。这 3 种填充料各有特点，河沙的比重大，热容量大，空气通透性好，经济实惠，无病无虫；玄武岩、页层岩等风化细沙也是很好的填充料，风化细沙来源广泛，经济实惠，通透性好，吸湿保湿性优于河沙；细泥土取材方便，吸湿保湿性能强，来源广泛，但不可采用姜田的泥土，防止土传病害侵染。曾经用作生姜贮藏填充料的河沙、风化细沙和细泥土不可再作填充料。填充料的含水要求为 5% 左右。干燥的填充料，每 1 000 千克添加 50 千克清水，为了防止填充料带病菌，可同时对填充料进行消毒处理。每 1 000 千克的填充料加 100 倍的高锰酸钾溶液 50 千克，调拌均匀后堆闷 72 小时，可以起到补水和消毒的双重作用。

194. 生姜贮藏期间如何进行温度管理?

生姜贮藏的适宜温度为 12～15 ℃，但贮藏前期（愈伤期）的温度允许达到 25～30 ℃，因为生姜在收挖过程中形成了很多伤口，在贮藏前期生姜有一个伤口自愈的生理过程。在此过程中生姜会释放热量，致使姜堆发热，贮藏温度会持续保持较高水平。此期温度管理的重点是，注意贮藏场地的通风降温，覆盖物覆盖时不要太厚，将温度控制在 20 ℃以下，防止高温烧窖或引发病害。经 15～20 天后，生姜伤口自愈，姜堆内温度逐渐降至 15 ℃时，姜颜色变黄，具有香气并出现辛辣味，说明后熟阶段完成。此后，温度可长期维持在 12～15 ℃。在贮藏期间，要经常查看姜堆上的温度计，在寒冷的冬季发现贮藏温度降至 10 ℃以下时，要增加覆盖物，提高贮藏温度，防止低温冷害；在开春后，贮藏温度回升到 15 ℃时，可适当揭开覆盖物通风降温，防止生姜过早发芽或引发病害。

195. 生姜贮藏期间如何进行湿度管理？

生姜贮藏既怕干又怕湿，在贮藏前要检查贮藏场地是否渗水漏雨，如果发现渗水漏雨而无法补救，应另外选择贮藏地，避免生姜大量腐烂。生姜贮藏适宜空气相对湿度为90%～95%，地下贮藏时湿度能够达到要求，但地上贮藏时，湿度不易达到适宜要求，特别是在开春后，气温逐步升高，生姜生理活动加剧，失水较多，应及时补充水分。可采用喷雾器在姜堆的填充物和覆盖物上喷雾，或向窖底渗水沟灌水，提高贮藏环境的空气湿度。

196. 生姜贮藏期间如何进行冷害防治？

冷害是生姜贮藏期间由低温引起的生理性病害，生姜贮藏的适宜温度为12～15℃，低于10℃容易引发冷害。生姜贮藏期间冷害的表现为生姜表面渗水，然后逐步变质腐烂。

防治方法：注意观察贮藏场地内外的温度变化，发现贮藏场所的温度降至10℃以下时，要及时关闭通风口，暂时停止通风降温，并加盖草帘、稻草或塑料薄膜等覆盖物，提高贮藏场地的环境温度。

197. 生姜贮藏期间如何进行真菌性霉腐病防治？

真菌性霉腐病的发生指在贮藏期间生姜表面出现黑色或白色的霉变物，生姜由硬变软、逐步腐烂的过程。主要由姜块受伤或贮藏场地清毒不严，或贮藏环境湿度太大，或积水等因素所致，随着病情的发展，病原菌逐步向内渗透，最终导致贮藏姜块腐烂变质，失去发芽能力。

防治方法：一是在入库贮藏前剔除带病或有机械损伤的姜块；二是加强贮藏场所的消毒灭菌工作；三是贮藏期间及时检查，如发现贮藏场所有雨水渗漏或底部有积水，应及时清除病变姜块，并清洁贮藏场所，防止霉腐病蔓延。

198. 生姜贮藏期间如何进行细菌腐烂病防治？

生姜的细菌性病害主要是姜瘟病，姜瘟病不仅是生长期的重要病害，也是贮藏期的重要病害。在贮藏过程中，一旦条件适宜，姜瘟病就会逐步传染蔓延。病姜姜块灰暗无光泽，切开有黑心，颜色越深，病情越重，一旦染病，贮藏后很快就会变质腐烂。

防治方法如下。一是及早剔除感染姜瘟病或疑似感染姜瘟病的姜块。姜瘟病田间表现易于识别，主要表现为姜苗变黄、植株矮化。感病晚期姜块无光泽，有黑心，应在收挖和入库贮藏前予以剔除，不要带入贮藏场地。二是保持贮藏场地低温条件。姜瘟病的病原菌在16 ℃以下时生长繁殖受到抑制，20 ℃左右时开始活跃，生存最适宜温度为25～30 ℃，因此，保持贮藏场地适宜低温是控制姜瘟病扩展的最佳办法。三是控制湿度。生姜贮藏适宜的相对湿度为80％～90％，如果遭遇雨水渗漏，或地下有积水，将加剧姜瘟病的扩散。

199. 生姜冷贮藏方式有哪些？

冷藏库由具有良好隔热保温效果的库房和制冷设备组成。冷藏库通过制冷设备，使库内温度按要求进行实时调节，保持稳定适宜的低温，为生姜贮藏提供理想的环境条件。冷藏库应在生姜贮藏前提前开机降温，使库内温度维持在12 ℃左右。姜块入库后先散放预冷贮藏24～48 小时，再装入无毒聚氯乙烯保鲜袋中，然后装入塑料筐或竹筐或纸箱上架贮藏。生姜入库15 天内将库内温度控制在17 ℃，以后每7 天温度下降1 ℃，40 天后库温控制在13 ℃左右，即可完成生姜伤口愈合过程，进入恒温贮藏阶段。

现代工业化贮藏姜种可在控温10～15 ℃的低温冷库存放2～3 年。适宜于机械操作的冷库高度为8 米，长、宽尺寸视姜种储存数量而定。把姜块装入垫有塑料膜内袋的竹筐或纸箱中，装满姜块后膜袋口交替盖住，以利保湿，然后堆码于冷库（彩图9-3）。

200. 如何进行生姜室内湿沙贮藏？

南方冬季室内温度通常为8～16 ℃，选干净房间，对室内地面和墙面喷杀虫杀菌药液消毒，在地面铺5 厘米厚湿沙，然后把姜块放于其上约20 厘米厚，再盖一层沙，再放一层姜块，如此反复即可，共计约100 厘米高，最上层盖沙后再盖上塑料膜或包装家具的旧无纺布等，可短时存至翌年春季（彩图9-4）。

201. 如何进行生姜室内堆码贮藏？

在贮藏量较大、贮藏时间不长的情况下，可选择室内堆码贮藏。冬季温度较低，室内堆码贮藏的生姜须用草包或草帘或塑料薄膜覆盖，以防生姜失水萎蔫和遇低温冷害。室内堆码贮藏生姜，可将其置于塑料网袋或竹筐或塑料筐中堆码存放，如果散放，需添加河沙、风化细沙或细泥土等填充物，而且生姜不宜堆得太高，一般不超过1.5米。散放生姜相互之间的空间很小，容易发热，因此堆内应均匀放入若干用稻草扎成的通气簇，以利通风透气；用塑料网装或筐装生姜时，因有足够的通气空间，可以不用通气簇。室内堆码贮藏的温度控制在2～15℃，如室内温度过高，可减少覆盖物，以散热降温；当气温下降时，可增加覆盖物保温（彩图9-5）。

参 考 文 献

刘海河，等，2018. 生姜优质高产栽培［M］. 北京：中国科学技术出版社 .

刘振伟，2013. 莱芜生姜［M］. 北京：中国农业科学技术出版社 .

罗天宽，等，2009. 生姜脱毒与高产高效栽培［M］. 北京：中国农业出版社 .

苗锦山，等，2017. 生姜高效栽培［M］. 北京：机械工业出版社 .

彭长江，2017. 图说生姜高效栽培［M］. 北京：机械工业出版社 .

吴德邻，1985. 姜的起源初探［J］. 农业考古，（2）：247－250.

徐坤，2009. 葱姜蒜 100 问［M］. 北京：中国农业出版社 .

张振贤，等，2005. 生姜生产关键技术百问百答［M］. 北京：中国农业出版社 .

赵德婉，等，2005. 生姜高效栽培［M］. 北京：金盾出版社 .

图书在版编目（CIP）数据

生姜高质高效生产 200 题 / 刘奕清等编著 . —北京：
中国农业出版社，2022.7
（码上学技术 . 绿色农业关键技术系列）
ISBN 978 - 7 - 109 - 29596 - 4

Ⅰ.①生… Ⅱ.①刘… Ⅲ.①姜－蔬菜园艺－问题解
答 Ⅳ.①S632.5 - 44

中国版本图书馆 CIP 数据核字（2022）第 111671 号

生姜高质高效生产 200 题
SHENGJIANG GAOZHI GAOXIAO SHENGCHAN 200 TI

中国农业出版社出版
地址：北京市朝阳区麦子店街 18 号楼
邮编：100125
责任编辑：李 瑜
版式设计：杜 然 责任校对：沙凯霖
印刷：中农印务有限公司
版次：2022 年 7 月第 1 版
印次：2022 年 7 月北京第 1 次印刷
发行：新华书店北京发行所
开本：880mm×1230mm 1/32
印张：3.75 插页：5
字数：120 千字
定价：25.00 元

彩图 2-1　生姜植株形态特征

彩图 2-2　生姜的根

彩图 2-3　生姜根系在土壤中的分布

彩图 2-4　生姜地下根状块茎

彩图 2-5　生姜的茎叶

彩图 2-6　生姜的花

彩图 3-1　观赏型姜科代表植物

彩图 3-2　生姜林下种植

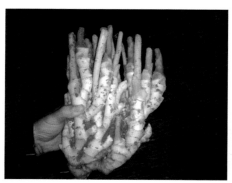

彩图 3-3　渝姜 1 号

彩图 3-4　渝姜 2 号

彩图 3-5　渝姜 3 号

彩图 3-6　渝姜 4 号

彩图 3-7　新鲜仔姜

彩图 5-1　生姜组培苗

组培苗驯化

田间定植

定植30天

定植60天

定植90天

定植120天

彩图 5-2　生姜脱毒组培种苗移栽驯化

彩图 5-3　田间栽培群体种里发现的
　　　　　特异性单株

彩图 5-4　田间栽培群体种里发现的
　　　　　特异性单株根状茎

彩图 6-1　生姜连作危害状

彩图 6-2　土壤熏蒸消毒

彩图 7-1　困姜晒种

彩图 7-2　生姜壮芽培育

梗子姜(长梗栽培)

梗子姜(短梗栽培)

洞子姜

窝子姜

彩图 7-3　生姜播种方式

彩图 7-4　搭架丝瓜与生姜间套作

彩图 7-5　生姜与玉米间套作

梧桐林下间作生姜

枇杷树下间作生姜

间作后采收生姜

彩图 7-6　林下间作生姜

彩图 7-7　葡萄园间套作生姜　　　　彩图 7-8　枣树果园林下间套作生姜

彩图 7-9　花椒树林下间套作生姜　　　　彩图 7-10　油茶林下间套作生姜

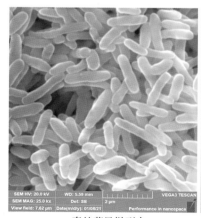 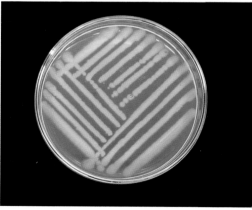

青枯菌显微形态　　　　　　　　　　　青枯菌菌落形态

彩图 8-1　青枯菌显微形态和菌落形态

彩图 8-2　姜瘟病发病植株（左）和田间发病症状（右）

生姜茎基腐病单株植株发病　　　　　　　　生姜茎基腐病田间发病

彩图 8-3　生姜茎基腐病发病症状

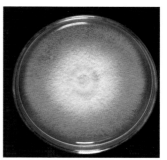

图 8-4　生姜条斑叶枯病　　彩图 8-5　腐皮镰刀菌孢子形态（左）和菌落形态（右）

彩图 8-6　生姜炭疽病　　　　　　　　彩图 8-7　生姜斑点病

彩图 8-8　生姜眼斑病　　　　彩图 8-9　生姜苗期叶片扭曲畸形病

彩图 8-10　生姜叶片黄化病

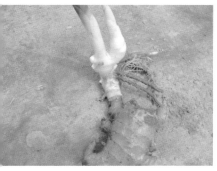

彩图 8-11　生姜肥害

彩图 8-12　生姜根结线虫病危害症状

彩图 8-13　甜菜夜蛾危害生姜叶片

彩图 8-14　斜纹夜蛾危害生姜叶片

图 8-15　姜蓟马成虫（左）及若虫（右）

彩图 8-16　姜螟幼虫及田间危害症状

彩图 9-1　嫩姜采收　　　　　　　彩图 9-2　老姜采收

彩图 9-3　室内冷库贮藏

彩图 9-4　室内湿沙贮藏生姜　　　　彩图 9-5　室内堆码贮藏生姜